黑版贸审字 08-2017-030 号

内容简介

本书收集了 106 个几何题目,这些题目来自 AwesomeMath 夏季课程对美国乃至全球的顶尖初、高中学生进行的训练测试.本书设置了入门题和提高题,内容由易到难,对大量风格不同难度各异的题目进行总结归类,书中为每一道题都提供了详细解法,并致力于把解题步骤背后的解题方法与思路传授给读者.

本书适合数学竞赛选手、教师及数学爱好者参考阅读.

图书在版编目(CIP)数据

106 个几何问题:来自 AwesomeMath 夏季课程/(美)蒂图·安德雷斯库(Titu Andreescu)著;张鲁佳译. —哈尔滨:哈尔滨工业大学出版社,2020.7(2024.6 重印)

书名原文:106 Geometry Problems:From the AwesomeMath Summer Program

ISBN 978-7-5603-8965-3

Ⅰ.①1… Ⅱ.①蒂… ②张… Ⅲ.①几何课-中学-教学参考资料 Ⅳ.①G634.633

中国版本图书馆 CIP 数据核字(2020)第 145584 号

© 2013 XYZ Press, LLC

All rights reserved. This work may not be or copied in whole or in part without the written permission of the publisher (XYZ Press, LLC, 3425 Neiman Rd., Plano, TX 75025, USA) except for brief excerpts in connection with reviews or scholarly analysis. www.awesomemath.org

策划编辑	刘培杰 张永芹
责任编辑	张永芹 李 欣
封面设计	孙茵艾
出版发行	哈尔滨工业大学出版社
社 址	哈尔滨市南岗区复华四道街 10 号 邮编 150006
传 真	0451-86414749
网 址	http://hitpress.hit.edu.cn
印 刷	哈尔滨市工大节能印刷厂
开 本	787 mm×1 092 mm 1/16 印张 11.75 字数 188 千字
版 次	2020 年 7 月第 1 版 2024 年 6 月第 2 次印刷
书 号	ISBN 978-7-5603-8965-3
定 价	58.00 元

(如因印装质量问题影响阅读,我社负责调换)

美国著名奥数教练蒂图·安德雷斯库

前　　言

　　本书收集了106个几何题目，这些题目来自"神奇的数学"夏令营对美国乃至全球的顶尖初、高中学生们进行的训练和测试.夏令营既设置了入门级课程也提供高级课程，相应地，本书的内容也由易到难.在开篇的理论部分，我们先带读者一起熟悉一些基本事实和解题技巧，然后再进展到主要部分，即题目与讲解.

　　本书中的题目都是精挑细选而来.从相对简单的AMC/AIME（全美数学竞赛/美国数学邀请赛）到高难度IMO（国际数学奥林匹克）竞赛题，我们在大量不同风格与难度的题目中取得了平衡.在来自全球、数以千计的奥林匹克题目中，我们选取了那些最能展现出特定技巧以及其应用方法的例子.这些题目满足了我们近乎苛刻的要求，并完全呈现出经典几何的迷人之美.我们为每一个题目都提供了详细的解法，并致力于把解题步骤背后的判断方法与思路传授给读者.很多题目都配有多种解法.

　　作为教练和曾经的参赛者，我们凭借经验相信保持图形简洁是制胜法宝，本书中的图形不带有任何多余的部分，但依然强调了关键要素，并且选取的放置方向也更有助于完成题目.很多情况下，只有观察图形才能找到证明方法.

　　在理论部分，我们介绍了关于圆和比例的基本定理，并且以几何不等式作为小插曲来结尾.然而，我们认为这部分最重要的是蕴藏在理论背后的主题思想，它强调了"东欧式综合判断"与"美式计算法"之间的独特结合.

　　只有熟练应用常识才能够真正精通几何，因此我们避免了使用诸如复数、向量或重心坐标等分析计算方法.此外，一个全新的题目集即将作为本书的续篇面世，它就是《107个几何题目——"神奇的数学"全年课程》.

　　尽管本书的主要目标读者是踌躇满志的高中学生及他们的老师，我们仍然邀请每一位对欧氏几何或者趣味数学感兴趣的您加入这个几何世界里的旅程.

最后，我们向Richard Stong与Cosmin Pohoaţă表示由衷的感谢，他们为本书完稿提供了非常宝贵的意见和建议.

衷心希望您有一个愉快的阅读体验.

作者

缩写与符号

几何元素符号

$\angle BAC$　　以A为顶点的凸角

$\angle(p,q)$　　直线p与q之间的有向角

$\angle BAC \equiv \angle B'AC'$　　角BAC与$B'AC'$重合

AB　　经过点A与点B的直线，点A与点B间的距离

$\overline{AB}$　　从点A到点B的有向线段

$X \in AB$　　点X在直线AB上

$X = AC \cap BD$　　点X是直线AC与BD的交点

$\triangle ABC$　　三角形ABC

$[ABC]$　　$\triangle ABC$的面积

$[A_1 \ldots A_n]$　　多边形$A_1 \ldots A_n$的面积

$AB // CD$　　直线AB与CD平行

$AB \perp CD$　　直线AB与CD垂直

$p(X, \omega)$　　点X到圆ω的幂

$\triangle ABC \cong \triangle DEF$　　三角形ABC与三角形DEF全等（依对应顶点顺序）

$\triangle ABC \backsim \triangle DEF$　　三角形ABC与三角形DEF相似（依对应顶点顺序）

三角形元素标记

a、b、c　　$\triangle ABC$的边或边长

$\angle A$、$\angle B$、$\angle C$　　$\triangle ABC$中以A、B、和C为顶点的角

s　　半周长

x、y、z　　表达式$\frac{1}{2}(b+c-a)$、$\frac{1}{2}(c+a-b)$、$\frac{1}{2}(a+b-c)$

r　　内径

R　　外径

K　　面积

h_a、h_b、h_c　　$\triangle ABC$的高

m_a、m_b、m_c　　　　△ABC的中线
l_a、l_b、l_c　　　　△ABC的角平分线（线段）
r_a、r_b、r_c　　　　△ABC的旁切圆半径

缩写

AMC10　　　10年级组全美数学竞赛
AMC12　　　12年级组全美数学竞赛
AIME　　　　美国数学邀请赛
USAJMO　　　美国少年数学奥林匹克竞赛
USAMO　　　美国数学奥林匹克竞赛
USA TST　　　美国数学奥林匹克国家队选拔赛
MEMO　　　中欧数学奥林匹克竞赛
IMO　　　　国际数学奥林匹克竞赛

目 录

第1章 几何基础 1
  1.1 序言 1
  1.2 度量关系 9
  1.3 圆与角 25
  1.4 比例 40
  1.5 几何不等式的几个关注点 56

第2章 入门题 61

第3章 提高题 66

第4章 入门题的解答 72

第5章 提高题的解答 111

第 1 章 几何基础

1.1 序　　言

我们通过回顾几个基本事实，来开启在精彩的经典几何世界中的航程.

基本角

我们说：

- 直角都相等.

- 一条直线与任意两条平行线相交产生的对角相等.换句话说，内错角相等.

- 在 $\triangle ABC$ 中，当且仅当 $\angle B = \angle C$ 时，$AB = AC$.

在以上陈述中，后两条非常重要.第二条为解决平行线相关问题提供了有效的方法，第三条则少有地将角度与长度联系在一起.

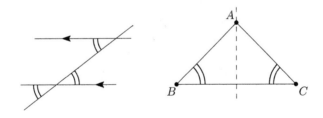

有了以上事实，现在我们可以开始证明众所周知的三角形内角和定理了.除此之外，我们还将证明一个小的拓展定理，这个定理为计算角度提供了便捷的方法.

命题1. $\triangle ABC$ 的三个角分别为 $\angle A$, $\angle B$, $\angle C$. 则：

(a) $\angle A + \angle B + \angle C = 180°$.

(b) 顶点 C 的外角等于 $\angle A + \angle B$.

证明. (a) 通过顶点 A 作平行于 BC 的辅助线.由于通过顶点 A 的三个角总和为 $180°$，应用内错角原理，可证明此结论.

(b) 我们只需指出顶点 C 的外角是 $\angle C$ 的补角，并且由(a)的结论可知，$\angle A + \angle B$ 也等于 $\angle C$ 的补角.　□

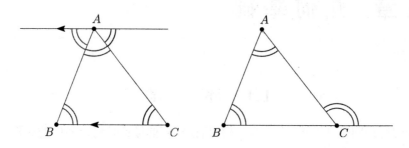

由此，我们掌握了证明圆周角定理所需的知识.稍后，圆周角定理将帮我们进一步认识圆.

定理2 (Inscribed Angle Theorem 圆周角定理). 点O为圆ω的圆心，BC为圆ω的弦，点A在圆上且不与B、C重合.则弧BC对应的圆周角$\angle BAC$为其对应的圆心角的一半.

证明. 假设圆心O位于$\triangle ABC$内.

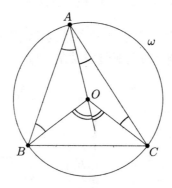

由于圆的半径相等，$\triangle OAB$和$\triangle OAC$均为等腰三角形，于是$\angle OAB = \angle OBA$且$\angle OAC = \angle OCA$. 连接AO并作延长线，可得，$\angle BOC$为两个外角之和，即

$$\angle BOC = 2\angle BAO + 2\angle OAC = 2\angle BAC$$

这就是我们需要证明的结论.

圆心O位于$\triangle ABC$外部或边线上的情况，在相同方法的基础上，把角度相加变为角度相减，即可完成证明. □

三角形的全等与相似

通俗地讲，形状和大小相同的两个三角形全等.当然，如果两个三角形全等，那么它们之间对应的部分（边、角和高等）都相等.通过以下准则可以判定两个三角形全等：

- （边边边判定）三条边都对应相等的两个三角形全等.
- （边角边判定）有两条边及其夹角对应相等的两个三角形全等.
- （角边角判定）有两个角及一条边对应相等的两个三角形全等.

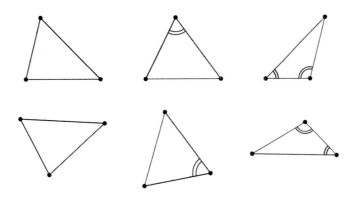

最后，针对直角三角形还有一条特殊的判定：

- （斜边直角边判定）斜边及一条直角边对应相等的两个直角三角形全等.

对于相似，两个三角形有相同的形状（即内角对应相等）即可证明其相似.另一方面，三角形相似意味着，它们全部的线段之间，相对应地成正比例关系.因此，任意对应线段长度的比例是一个常数，即相似比.

相似的判定准则如下：

- （角角判定）两角分别对应相等的两个三角形相似.
- （边角边判定）两边成比例且夹角对应相等的两个三角形相似.

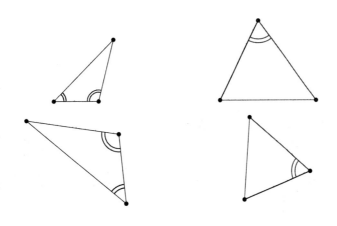

全等性最常用于对一些非常基础的陈述内容给出严格证明.这里我们来证明一个线段或角的对称线与它的等距点轨迹具有相同的性质.

命题3. A、B为平面上互异的两个点.则满足$XA = XB$的点X的轨迹就是线段AB的中垂线.

证明. 记点M为线段AB的中点（显然，线段AB上仅有一个满足条件的点），ℓ为线段AB的中垂线.

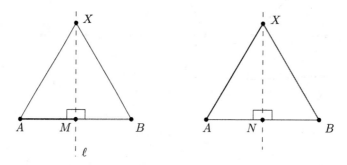

若$X \in \ell$，则$\angle AMX = \angle BMX = 90°$，$AM = BM$.此外，$XM$为公共边，于是由边角边判定可得：$\triangle AMX \cong \triangle BMX$，因此$AX = BX$.

反之，若$AX = BX$，设X到线段AB的垂足为N，则由斜边直角边判定，得到：$\triangle ANX \cong \triangle BNX$，且$AN = NB$，由此可得$X \in \ell$. □

命题4. 射线AU和AV组成角，点X在$\angle UAV$的内部，且X到AU和AV距离相等.则X的轨迹就是$\angle UAV$的角平分线.

证明. 设D和E分别为X在AU和AV上的投影，且ℓ为$\angle UAV$的角平分线.

若$X \in \ell$，则根据角边角判定可得$\triangle ADX \cong \triangle AEX$，因此$XD = XE$.

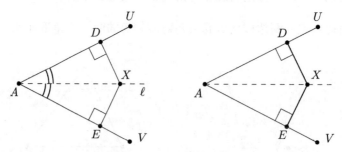

反之，若$XD = XE$，则根据斜边直角边判定可得，$\triangle ADX \cong \triangle AEX$，因此$\angle XAD = \angle XAE$，即$X \in \ell$. □

与全等性不同，相似性具有更加突出的应用.其中之一就是三角形的中线将彼此分为$2:1$的两部分.

命题5. △ABC中，E、F分别为AB、AC的中点，G为BF与CE的交点. 则 $BG = 2GF$，且 $CG = 2GE$.

证明. 首先，观察可知，由边角边判定，△AEF ∽ △ABC.

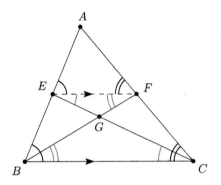

因为相似比为2，$EF = \frac{1}{2}BC$.

又有∠FEA = ∠CBA，因此 $EF // BC$，于是∠BCE = ∠CEF. 由角角判定可得，△BCG ∽ △FEG.

因为 $EF = \frac{1}{2}BC$，所以相似比为 $\frac{1}{2}$，即 $BG = 2GF$，$CG = 2GE$. □

三角形第一中心

三角形尽管结构简单，却可能隐藏了无数出人意料的结论，许多结论与重要的点相关，这些点叫作三角形中心. 目前人们已经确认了超过5 000个三角形中心. 幸运的是，在数学奥林匹克中，我们只需熟悉其中一小部分即可.

命题6 (Existence of the Circumcenter 外心的存在). 在△ABC中，AB、BC和CA的中垂线交于一点，称此点为△ABC 的外心，通常用 O 表示，它是外接圆的圆心.

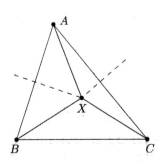

证明. 用 X 表示 AB、AC 的中垂线交点，则 $XA = XB$，且 $XA = XC$. 于是，$XB = XC$. 因此由命题3可得，X 在 BC 的中垂线上.

以上我们证明了全部的中垂线都经过点 X，而以 X 为圆心，以 $XA = XB = XC$ 为半径的圆就是 $\triangle ABC$ 的外接圆. □

命题 7 (Existence of the Incenter 内心的存在). 在 $\triangle ABC$ 中，内角角平分线交于一点，称此点为 $\triangle ABC$ 的内心，通常用 I 表示，它是 $\triangle ABC$ 内切圆的圆心.

证明. 用 X 表示 $\angle B$、$\angle C$ 的角平分线交点.

由命题4可知，X 到 AB 和 BC 的距离也相等，并且 X 到 AC 和 BC 的距离相等，则 X 到 AB 和 AC 的距离相等，换句话说，X 也位于 $\angle A$ 的角平分线上. 于是，我们找到了三个角平分线的共同交点.

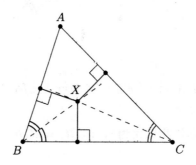

以 X 为圆心，以 X 到 BC、CA 和 AB 的距离为半径可得 $\triangle ABC$ 的内切圆. □

命题 8 (Existence of the Orthocenter 垂心的存在). 在 $\triangle ABC$ 中，三条高相交于一点，称此点为 $\triangle ABC$ 的垂心，通常用 H 表示.

证明. 这个证明需要用点技巧.

通过 A、B 和 C 分别作平行于 BC、CA 和 AB 的平行线，设三条线组成的三角形为 $\triangle A'B'C'$，其中 $A'B' \mathbin{/\mkern-5mu/} AB$，其他两边以此类推.

由边角边判定，$\triangle ABC$、$\triangle A'CB$、$\triangle CB'A$ 和 $\triangle BAC'$ 均全等，由此可得 A 为 $B'C'$ 的中点，B、C 也分别为中点.

因为 $\triangle ABC$ 以 A 为顶点的高与 $B'C'$ 的中垂线都垂直于 $B'C' \mathbin{/\mkern-5mu/} BC$ 且都经过点 A，因此二者重合.

根据命题6，$\triangle A'B'C'$ 的三条中垂线交于一点，因此，$\triangle ABC$ 的三条高交于一点.

□

另一组与三角形相关的是旁切圆，一个三角形有三个旁切圆. 它们在很多方面都与内切圆相似，有大量值得关注的性质.

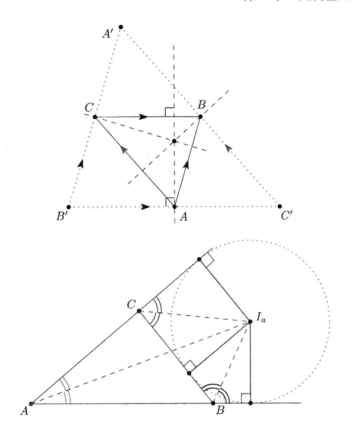

命题9 (Existence of the Excenter 旁心的存在). 在△ABC 中，∠A的内角平分线与∠B、∠C的外角平分线交于一点，称此点为△ABC的A-旁心，常用I_a表示，是A-旁切圆（与BC以及AB、AC的延长线都相切）的圆心．类似地，我们定义I_b和I_c．

证明．请读者自行证明． □

命题10 (Existence of the Centroid 重心的存在). 在△ABC 中，三条中线交于一点，称此点为△ABC的重心，通常用G表示．

证明．设中线AM与以B为顶点的中线交于点X，中线AM与以C为顶点的中线交于点X'．

由命题5可得，$AX = 2XM$，$AX' = 2X'M$．

因此X与X'重合，即三条中线交于一点．

□

可能有些人会认为下面的结论非常容易推导出来，所以不需要记住它，这种想法大错特错！事实上，若将此结论烂熟于心，则会发现很多潜在的关联．

8 ■ 106个几何问题：来自AwesomeMath夏季课程

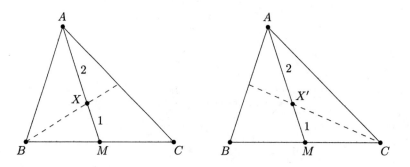

命题11. 在△ABC中，点H、I和O分别为其垂心、内心和外心.则:

(a) 若△ABC为锐角三角形，则∠BHC = 180° − ∠A.

(b) ∠BIC = 90° + $\frac{1}{2}$∠A.

(c) 若∠A为锐角，则∠BOC = 2∠A.

证明. (a)分别用B_0和C_0表示B和C在对边上的垂足.

观察四边形B_0HC_0A：四边形内角和为360°，且∠HB_0A = ∠HC_0A = 90°，于是，其余两角和为180°，即

$$\angle BHC = \angle C_0HB_0 = 180° − \angle A$$

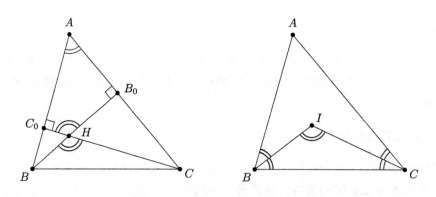

(b)在△BIC中，采用追角法.BI和CI分别为角平分线，于是

$$\angle BIC = 180° − \frac{1}{2}\angle B − \frac{1}{2}\angle C = 90° + \left(90° − \frac{1}{2}\angle B − \frac{1}{2}\angle C\right) = 90° + \frac{1}{2}\angle A$$

(c)这正是圆周角定理的结论. □

1.2 度量关系

切线长相等

我们用一个简单的解题方法开始这部分内容，它有很多重要的应用，并且在竞赛中反复出现，我们暂且只研究线段相等的情况.

命题12 (Equal Tangents 切线长相等). 圆ω的两条切线交于点A，B、C分别表示两个切点.则$AB = AC$.

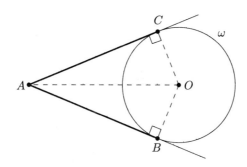

证明. 设圆心为O，则$\angle OBA = 90° = \angle OCA$且$OB = OC$，而且直角$\triangle OAB$和$\triangle OAC$共用斜边$OA$，由斜边直角边判定，这两个三角形全等.命题得证. □

命题13. 设直线p、q分别为圆ω_1、ω_2的两条外公切线，点A、B分别为p与圆ω_1、ω_2的切点，点C、D分别为q与圆ω_1、ω_2的切点.则：

(a) $AB = CD$;

(b) 若两圆不相交，且内公切线r分别与p、q相交于X、Y，则$AB = CD = XY$.

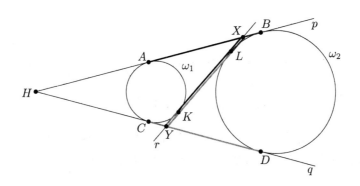

证明. (a)若$AB//CD$，则$ABCD$为长方形，因此结论得证.

对其他情况，设$AB \cap CD = H$，由切线长相等可得，$HA = HC$且$HB = HD$.通过线段相减可得此命题结论.

(b)用K、L分别表示r与ω_1、ω_2的切点.

多次使用(a)的结论以及切线长相等，可得

$$2 \cdot XY = (XL + YL) + (YK + XK)$$
$$= XB + YD + YC + XA = AB + CD = 2 \cdot AB$$

□

定理14 (Pitot[①] Theorem Pitot 定理). 设四边形$ABCD$有内切圆，则

$$AB + CD = BC + DA$$

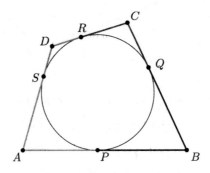

证明. 设P、Q、R和S分别为AB、BC、CD和DA上的切点.由切线长相等可得

$$AB + CD = AP + BP + CR + DR = AS + BQ + CQ + DS = BC + DA$$

定理得证. □

实际上，$AB + CD = BC + DA$是四边形有内切圆的一个充分条件.你能证明吗？

接下来我们证明一个从三角形几何得来的重要事实.

命题15. $\triangle ABC$半周长为s，D、E和F分别为内切圆在BC、CA和AB上的切点，K、L和M分别为A-旁切圆与BC、AC和AB的延长线的切点.则以下结论成立：

[①]Henri Pitot (1695 — 1771)法国水利工程师.

(a) $2 \cdot AE = 2 \cdot AF = -a+b+c$, $2 \cdot BD = 2 \cdot BF = a-b+c$, $2 \cdot CD = 2 \cdot CE = a+b-c$;

(b) $2AL = 2AM = a+b+c$, 即 $AL = AM = s$;

(c) 点K与D关于BC的中点对称.

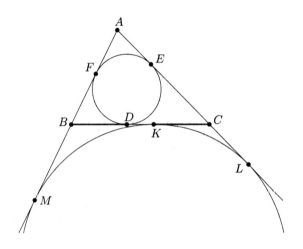

证明. (a)由切线长相等可得

$$2 \cdot AE = AE + AF = (b - CE) + (c - BF) = b + c - (CD + BD) = b + c - a$$

另两个等式可用相同方法证明.

(b)类似地，由切线长相等得到

$$2 \cdot AL = AL + AM = (b + CL) + (c + BM) = b + c + (CK + BK) = a + b + c$$

(c)为证明此结论，只需证明$BD = CK$. 由(a)和(b)易得

$$2 \cdot BD = a - b + c = 2(s-b) = 2(AL - AC) = 2 \cdot CL = 2 \cdot CK$$

结论得证. □

通过以上结论可直接推导出直角三角形内切圆半径的计算公式.

命题16. 直角$\triangle ABC$中，$\angle A = 90°$，r为其内切圆ω的半径. 则

$$r = \frac{AB + AC - CB}{2}$$

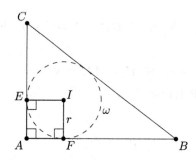

证明. 用 I 表示内切圆 ω 的圆心,E、F 分别为 ω 与边 AC、AB 的切点.

在四边形 $AFIE$ 中,有三个直角. 由切线长相等可得,邻边 $AF = AE$,此外 $IE = IF$,因此 $AFIE$ 为正方形,于是 $r = AE$.

则由命题 15 可得
$$r = AE = \frac{AB + AC - CB}{2}$$

$\square$

例题 1. $ABCD$ 为平行四边形,$AB > BC$. K、M 分别为 $\triangle ACD$、$\triangle ABC$ 的内切圆在 AC 上的切点;L、N 分别为 $\triangle BCD$ 和 $\triangle ABD$ 的内切圆在 BD 上的切点. 求证:四边形 $KLMN$ 为矩形.

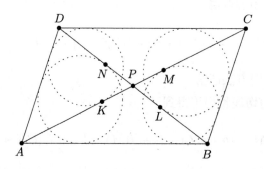

证明. 设 $ABCD$ 的对角线交点为 P.

首先,由角边角判定,$\triangle ABD \cong \triangle CDB$,且关于点 P 对称,由此可得 $PN = PL$. 同理可得 $PK = PM$.

因此,四边形 $KLMN$ 的两条对角线互相平分,于是 $KLMN$ 是平行四边形.

要证明平行四边形 $KLMN$ 是矩形,只需证明 $NL = KM$ 或等价的 $PN = PK$.

将命题 15(a) 的结论应用于 $\triangle ABD$,可得
$$PN = \frac{DB}{2} - DN = \frac{DB}{2} - \frac{DB + DA - AB}{2} = \frac{AB - DA}{2}$$

同理可得PK的长度

$$PK = \frac{AC}{2} - AK = \frac{AC}{2} - \frac{AC + DA - CD}{2} = \frac{CD - DA}{2}$$

因为$AB = CD$，所以结论得证. □

The Law of Sines 正弦定理

现在我们来讨论一个三角形几何中最基础的定理——正弦定理.事实上，这个三角计算法是一个功能非常强大的技巧，每一位希望在比赛中有所建树的参赛者都必须掌握它.正弦定理之所以如此有用，原因之一就是众所周知的$\sin x = \sin(180° - x)$.

定理17 (The Extended Law of Sines 扩展的正弦定理). 在$\triangle ABC$中

$$\frac{a}{\sin \angle A} = \frac{b}{\sin \angle B} = \frac{c}{\sin \angle C} = 2R$$

其中R为$\triangle ABC$外接圆半径.

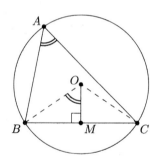

证明. 当$\angle A$为锐角时，设O为$\triangle ABC$的外心，M为BC的中点.则$\angle BOC$为圆心角，于是$\angle BOC = 2\angle A$.

等腰$\triangle OBC$中，OM平分$\angle BOC$，即$\angle BOM = \angle A$.

直角$\triangle BOM$中

$$\sin \angle A = \frac{\frac{1}{2}a}{R}$$

由此可完成证明.

当$\angle A$为非锐角时，通过相似的方法结合$\sin \angle A = \sin(180° - \angle A)$也可证明此结论，具体的证明过程留给读者自己完成. □

接下来的引理为解决相邻三角形的比例问题提供了方法或思路.

命题18 (Ratio Lemma 比例引理). 在$\triangle ABC$ 中，$D \in BC$，α_1和α_2分别表示$\angle BAD$和$\angle DAC$. 则
$$\frac{BD}{DC} = \frac{AB \cdot \sin \alpha_1}{AC \cdot \sin \alpha_2}$$

证明. 用φ表示$\angle ADB$.

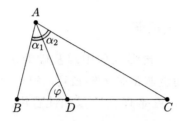

在相邻的$\triangle ADB$和$\triangle ADC$中，由正弦定理可得

$$\frac{BD}{\sin \alpha_1} = \frac{AB}{\sin \varphi}, \qquad \frac{CD}{\sin \alpha_2} = \frac{AC}{\sin(180° - \varphi)} = \frac{AC}{\sin \varphi}$$

两式相除，即可完成证明. □

作为直接推论，我们得到著名的角平分线定理.

定理19 (Angle Bisector Theorem 角平分线定理). 在$\triangle ABC$中，AD为内角平分线，$D \in BC$. 则

$$\frac{BD}{CD} = \frac{c}{b}, \quad BD = \frac{ac}{b+c}, \quad CD = \frac{ab}{b+c}$$

证明. 在比例引理中，$\alpha_1 = \alpha_2$时，即可得第一个等式. 其余等式为以下方程组的解

$$\frac{BD}{CD} = \frac{c}{b} \quad \text{且} \quad BD + CD = a$$

□

接下来的例题演示了正弦定理的典型用法.

例题2 (Germany，2003). $ABCD$为平行四边形，X、Y分别为AB、BC上一点，满足$AX = CY$. 求证：AY与CX的交点在$\angle ADC$的角平分线上.

证明. 用P表示AY与CX的交点.

由平行线关系可得，$\angle DAP = 180° - \angle PYC$，$\angle DCP = 180° - \angle PXA$.

于是在$\triangle APD$和$\triangle APX$中，由正弦定理可得

$$\sin \angle ADP = \frac{\sin \angle DAP}{PD} \cdot AP = \frac{\sin \angle DAP}{PD} \cdot AX \cdot \frac{\sin \angle PXA}{\sin \angle APX}$$

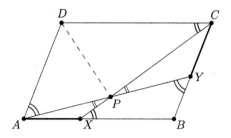

同理

$$\sin\angle CDP = \frac{\sin\angle DCP}{PD}\cdot CP = \frac{\sin\angle DCP}{PD}\cdot CY\cdot \frac{\sin\angle PYC}{\sin\angle CPY}$$

因为$AX = CY$，$\angle APX = \angle CPY$，且$\sin\angle DAP = \sin\angle PYC$，$\sin\angle DCP = \sin\angle PXA$，所以$\sin\angle ADP = \sin\angle CDP$。

此外，由于$\angle ADP + \angle CDP \neq 180°$，因此$\angle ADP = \angle CDP$。 □

The Law of Cosines 余弦定理

我们介绍另一个从基础三角形几何中发展而来的定理——余弦定理。这是另一个比初看起来更加有用的定理。

定理20 (Law of Cosines 余弦定理). 在$\triangle ABC$中，$a^2 = b^2 + c^2 - 2bc\cos\angle A$。

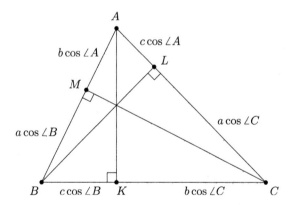

证明. 假设$\triangle ABC$为锐角三角形。

设AK、BL和CM为三条高，于是在直角三角形中有

$$\begin{aligned}a^2 &= a(BK + KC) = a(c\cos\angle B) + a(b\cos\angle C)\\ &= c(a\cos\angle B) + b(a\cos\angle C)\\ &= c\cdot BM + b\cdot CL = c(c - b\cos\angle A) + b(b - c\cos\angle A)\\ &= c^2 + b^2 - 2bc\cos\angle A\end{aligned}$$

△ABC为直角或钝角三角形的情况可用相似的方法证明, 留给读者当作练习完成. □

推论21 (Generalized Pythagorean[①] Theorem 广义勾股定理). 在△ABC 中,

(a) 当且仅当$a^2 + b^2 > c^2$时, $\angle C < 90°$;

(b) 当且仅当$a^2 + b^2 = c^2$时, $\angle C = 90°$;

(c) 当且仅当$a^2 + b^2 < c^2$时, $\angle C > 90°$.

证明. 将以下事实代入余弦定理, 即可直接证明本定理:

当角度属于$(0°, 90°)$时, 其余弦值为正;

当角度属于$(90°, 180°)$ 时, 其余弦值为负;

直角的余弦值为零. □

例题3 (USAMO 1996, Titu Andreescu). 点M为△ABC内一点, 满足$\angle MAB = 10°$, $\angle MBA = 20°$, $\angle MAC = 40°$, 且$\angle MCA = 30°$. 求证: △ABC为等腰三角形.

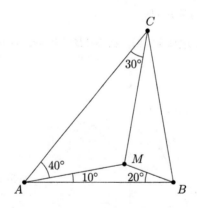

证明. 不失一般性, 不妨假设$AB = 1$.

首先, 注意到$\angle AMB = 150°$且$\angle AMC = 110°$.

本题的关键是应该意识到可以计算出△ABC三条边的长度.

△AMB和△AMC中, 由正弦定理和公式$\sin 2x = 2 \sin x \cos x$ 可得

$$AM = AB \cdot \frac{\sin 20°}{\sin 150°} = 2 \sin 20°$$

和

$$AC = AM \cdot \frac{\sin 110°}{\sin 30°} = (2 \sin 20°) \cdot 2 \cdot \cos 20° = 2 \sin 40°$$

[①]Pythagoras of Samos (约前560 — 前480) 古希腊哲学家、数学家.

在△ABC中，由余弦定理可得

$$BC^2 = 1^2 + (2\sin 40°)^2 - 2 \cdot 1 \cdot 2\sin 40° \cos 50°$$
$$= 1 + 4\sin^2 40° - 4\sin^2 40° = 1$$

于是$AB = BC$，△ABC为等腰三角形. □

现在我们介绍一种通过长度判断垂直关系的判定，这是余弦定理的一个直接应用.

命题22. AC和BD为平面内两条直线.则当且仅当

$$AB^2 + CD^2 = AD^2 + BC^2$$

时，$AC \perp BD$.

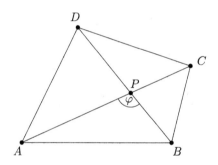

证明. 当$ABCD$为凸四边形时，设P为对角线交点，且$\angle APB = \varphi$.在△ABP和△CDP中，由余弦定理可得

$$AB^2 = AP^2 + BP^2 - 2 \cdot AP \cdot BP \cos\varphi$$
$$CD^2 = CP^2 + DP^2 - 2 \cdot CP \cdot DP \cos\varphi$$

两式相加，可得

$$AB^2 + CD^2 = AP^2 + BP^2 + CP^2 + DP^2 - 2(CP \cdot DP + AP \cdot BP)\cos\varphi$$

同理，在△BCP和△DAP中，将余弦定理的结果相加，且$\cos x = -\cos(180° - x)$，得到

$$BC^2 + DA^2 = BP^2 + CP^2 + DP^2 + AP^2 + 2(BP \cdot CP + DP \cdot AP)\cos\varphi$$

比较两式可得，当且仅当

$$(CP \cdot DP + AP \cdot BP + BP \cdot CP + DP \cdot AP)\cos\varphi = 0$$

时, $AB^2 + CD^2 = BC^2 + DA^2$.

因为$CP \cdot DP + AP \cdot BP + BP \cdot CP + DP \cdot AP$是正数, 只有$\cos\varphi = 0$, 即$\varphi = 90°$时, 等式成立.

$ABCD$为非凸四边形的情况也可使用相似的方法证明, $ABCD$不是四边形的情况则更为简单. □

定理23 (Stewart's[①] theorem 斯特瓦尔特定理). 在$\triangle ABC$中, D为BC边上一点. m、n和d分别表示BD、DC和AD的长度. 则

$$a(d^2 + mn) = b^2 m + c^2 n$$

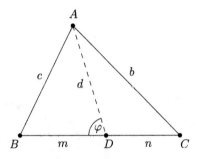

证明. 用φ表示$\angle ADB$.

在相邻的$\triangle ABD$和$\triangle ADC$中, 由余弦定理可得

$$c^2 = d^2 + m^2 - 2md\cos\varphi \quad b^2 = d^2 + n^2 + 2nd\cos\varphi$$

将第一式两边乘以n、第二式两边乘以m后, 两式相加可消去$\cos$部分, 得到

$$c^2 n + b^2 m = d^2 n + m^2 n + d^2 m + n^2 m = (m+n)(d^2 + mn) = a(d^2 + mn)$$

结论得证. □

推论24. 在$\triangle ABC$中, M为BC的中点, AD为内角平分线, $D \in BC$. 则

$$m_a^2 = AM^2 = \frac{b^2 + c^2}{2} - \frac{a^2}{4}, \quad l_a^2 = AD^2 = bc\left(1 - \left(\frac{a}{b+c}\right)^2\right)$$

证明. 将$m = n = \frac{1}{2}a$代入斯特瓦尔特定理即可得到第一个关系式.

[①]Matthew Stewart (1719 — 1785) 苏格兰数学家、牧师.

第二部分，将角平分线定理（见定理19）的结论代入斯特瓦尔特定理

$$a\left(l_a^2 + \frac{a^2bc}{(b+c)^2}\right) = \frac{b^2ac}{b+c} + \frac{c^2ab}{b+c}$$

等式两边消去a并简化等式右边表达式，得到

$$l_a^2 + \frac{a^2bc}{(b+c)^2} = bc$$

由此即可证明等式关系。 □

面积

现在我们来发掘一些关于面积的有趣性质。首先是三角形的面积公式，表示为：$2K = ah_a = bh_b = ch_c$。此外，我们也将认识到计算面积比例的重要作用。请记住在本书中K和$[ABC]$都表示$\triangle ABC$的面积。

命题25. $\triangle ABC$的面积可通过以下几种方式计算而得：

(a) $K = \frac{1}{2}ab\sin\angle C = \frac{1}{2}bc\sin\angle A = \frac{1}{2}ca\sin\angle B = abc/(4R)$.

(b) $K = \sqrt{s(s-a)(s-b)(s-c)}$ (Heron's[①] formula 海伦公式).

(c) $K = rs = r_a(s-a) = r_b(s-b) = r_c(s-c)$.

证明. (a) 由对称性，我们只需证明$2K = ab\sin\angle C$即可。因为$h_a = b\sin\angle C$，显而易见$2K = ab\sin\angle C$。由扩展的正弦定理可得

$$\frac{1}{2}ab\sin\angle C = \frac{1}{2}ab\frac{c}{2R} = \frac{abc}{4R}$$

(b) 由(a)的结论可得

$$16K^2 = 4a^2b^2\sin^2\angle C = 4a^2b^2(1-\cos^2\angle C)$$

代入变形的余弦定理

$$\cos\angle C = \frac{a^2+b^2-c^2}{2ab}$$

得到

$$16K^2 = 4a^2b^2\left(1 - \frac{(a^2+b^2-c^2)^2}{4a^2b^2}\right) = 4a^2b^2 - (a^2+b^2-c^2)^2$$

将等式右边因式分解

$$(2ab-a^2-b^2+c^2)(2ab+a^2+b^2-c^2) = \oint \left(c^2-(a-b)^2\right)\left((a+b)^2-c^2\right)$$
$$= (-a+b+c)(a-b+c)(a+b-c)(a+b+c)$$

[①] Heron of Alexandria（10 — 70）古希腊数学家和工程师。

这就是海伦公式的等价形式,因此(b)得证.

(c) 设 $\triangle ABC$ 的内心为 I,观察可得

$$K = [BIC] + [CIA] + [AIB] = \frac{1}{2}(ra + rb + rc) = rs$$

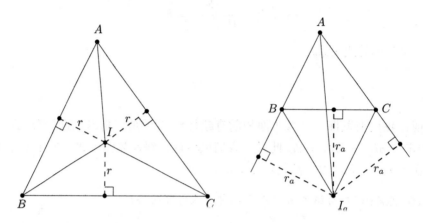

类似地,用 I_a 表示 $\triangle ABC$ 的 A-旁心,观察可得

$$K = [AI_aC] + [BI_aA] - [BI_aC] = \frac{1}{2}(br_a + cr_a - ar_a) = r_a(s-a)$$

其余的关系也可用相似的方法证明,由此证明完成. □

这些面积公式的主要作用是使人们可以用三角形的边表示其常见元素.这种表示方法非常便捷,尤其是使用以下标准表示 xyz 时

$$x = s - a = \tfrac{1}{2}(b+c-a), \quad y = s - b = \tfrac{1}{2}(c+a-b), \quad z = s - c = \tfrac{1}{2}(a+b-c)$$

事实上,这些表达式来自命题15.也可以用另一种方式来理解,即:x、y 和 z 是唯一满足以下条件的一组数:$a = y + z$,$b = z + x$,$c = x + y$.

因为计算三角形的元素是题目中常见的考点,非常感谢有 xyz 这样的表示方法,使得计算过程得到了简化.

命题26 (xyz formulas xyz 公式). 在 $\triangle ABC$ 中,可用 xyz 表示面积 K、内径 r 和外径 R,即

(a)
$$K = \sqrt{(x+y+z)xyz}$$

(b)
$$r = \sqrt{\frac{xyz}{x+y+z}}$$

(c)
$$R = \frac{(y+z)(z+x)(x+y)}{4\sqrt{xyz(x+y+z)}}.$$

证明. (a) 我们只需对海伦公式进行重写,即可得到
$$K = \sqrt{s(s-a)(s-b)(s-c)} = \sqrt{(x+y+z)xyz}$$

(b) 为计算内心,我们从$K = rs$入手,可得$r = K/(x+y+z)$.代入(a),即可证明结论(b).

(c) 外径R出现在公式$K = (abc)/(4R)$中,因此
$$R = \frac{(y+z)(z+x)(x+y)}{4K}$$

代入(a)后,即可完成证明.

$\square$

接下来的引理出人意料地好用,它快速地把长度的比例转化为面积的比例,我们称它为面积定理.

命题27 (Area Lemma 面积定理). 在$\triangle ABC$中,$D \in BC$, $X \in AD$.则
$$\frac{[BCX]}{[BCA]} = \frac{DX}{DA}$$

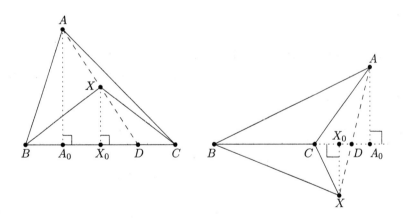

证明. 从A和X分别作BC的垂线,垂足分别为A_0和X_0.

由角角判定,$\triangle DX_0X$与$\triangle DA_0A$ 相似.

因此
$$\frac{[BCX]}{[BCA]} = \frac{\frac{1}{2} \cdot BC \cdot XX_0}{\frac{1}{2} \cdot BC \cdot AA_0} = \frac{XX_0}{AA_0} = \frac{DX}{DA}$$

$\square$

例题4 (van Aubel's[①] Theorem 凡·奥贝尔定理). 在 $\triangle ABC$ 中，D、E 和 F 分别是 BC、CA 和 AB 上的点，满足 AD、BE 与 CF 相交于 P. 则

$$\frac{AP}{PD} = \frac{AE}{EC} + \frac{AF}{FB}$$

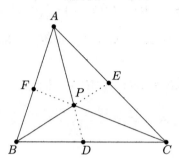

证明. 由面积定理（命题27），等式右边相当于

$$\frac{[APB]}{[BPC]} + \frac{[APC]}{[BPC]} = \frac{[ABPC]}{[BPC]} = \frac{[ABC]}{[BCP]} - 1$$

将面积定理代入等式左边可得

$$\frac{AP}{PD} = \frac{AD}{PD} - 1 = \frac{[ABC]}{[BCP]} - 1$$

于是，结论得证. □

请注意，如果 E 和 F 分别取在 AC 和 AB 的中点，那么我们将得到中线将彼此分为 $2:1$ 的两部分（命题5）的另一个证明方法. 而如果 P 为 $\triangle ABC$ 的内心，将得到另一个著名的推论.

推论28. 在 $\triangle ABC$ 中，I 为其内心，并且 $AI \cap BC = D$. 则

$$\frac{AI}{ID} = \frac{b+c}{a}, \qquad \frac{ID}{AD} = \frac{a}{a+b+c}$$

证明. 设 $E = BI \cap AC$、$F = CI \cap AB$，则综合凡·奥贝尔定理和角平分线定理可得

$$\frac{AI}{ID} = \frac{AE}{EC} + \frac{AF}{FB} = \frac{c}{a} + \frac{b}{a} = \frac{b+c}{a}$$

由 $ID/AD = 1 + ID/AI$ 可得第二个等式.

□

[①] Henri Hubert van Aubel (1830—1906) 荷兰数学教授.

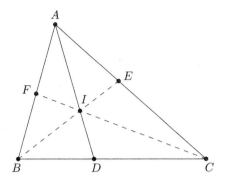

例题5 (AIME 1989). 在△ABC中，D、E和F分别在BC、CA和AB上，满足AD、BE与CF相交于P.已知AP = 6，BP = 9，PD = 6，PE = 3，CF = 20.求△ABC 的面积.

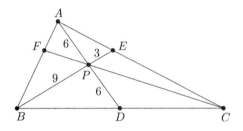

解： 由面积定理（见命题27）可得

$$\frac{[BPC]}{[ABC]} = \frac{DP}{DA} = \frac{1}{2}, \qquad \frac{[CPA]}{[ABC]} = \frac{EP}{EB} = \frac{1}{4}$$

因为$[ABC] = [BPC] + [CPA] + [APB]$，所以$[APB] = \frac{1}{4}[ABC]$.再次使用面积定理可得$FP = \frac{1}{4}CF = 5$，于是$CP = 15$.

因为$[ABP] = [CPA]$，由面积定理可得D为BC的中点.

此时我们有一个不需多想就可直接完成题目的方法：在△BCP中应用推论24中的中线公式得到BC，然后再由海伦公式得到[BCP]，最后由面积定理得到$[ABC] = 2[BPC]$.

但是，如果使用稍微聪明一点的办法将会节省一些力气.△BPC和它的中线PD提示我们可以将点P关于点D镜射到P'，然后就构造出了平行四边形BPCP'，而它的面积就是$[BPCP'] = 2[BPC] = [ABC]$.

平行四边形被PP'分为两个全等的三角形，并且我们可以得到三角形的边长：在左边的△BPP'中，$BP = 9$，$PP' = 2 \cdot PD = 12$，并且$P'B = CP = 15$，由此可得右边的△PP'C的情况. 我们不去使用海伦公式计算[BPP']，而是观察

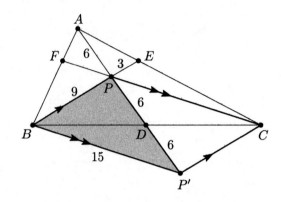

一下数字9、12、15，便可认出这是一个直角三角形，于是由下式就可得到结论

$$[ABC] = 2 \cdot [BPP'] = 2 \cdot \frac{1}{2} \cdot 9 \cdot 12 = 108$$

1.3 圆与角

在这一小节我们将看到,角与众多常见的几何结构都密切相关,自如掌握它是一项必修的技能.

在接下来的证明过程中,我们将通过计算图形中不同的角度值实现目的.这种方法叫作追角法,它很可能是欧氏几何中最常被用到的方法.

例题6. 在四边形$ABCD$中,$AB = AC$,$AD = CD$,$\angle BAC = 20°$,且$\angle ADC = 100°$.求证:$AB = BC + CD$.

证明. 观察可得,$\triangle BCA$和$\triangle ACD$均为等腰三角形,于是$\angle CBA = \angle ACB = 80°$,$\angle CAD = \angle DCA = 40°$.

在AB上取一点P,满足$PA = AD = CD$,接下来我们的目标是证明$BP = BC$.

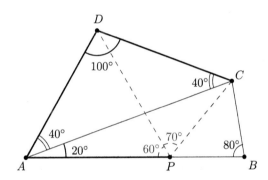

注意,$\angle PAD = 20° + 40° = 60°$,且$AP$与$AD$长度相等,因此$\triangle PAD$为等边三角形.

由此可得,$PD = AD = CD$,即$\triangle PDC$为等腰三角形.

因为$\angle PDC = 100° - 60° = 40°$,于是$\angle DCP = \angle CPD = 70°$.

最后,我们关注$\triangle BCP$,可得

$$\angle BPC = 180° - 60° - 70° = 50°$$

结合$\angle CBP = 80°$,可得$\angle PCB = 50°$,因此$PB = BC$. □

圆

追角法之所以如此强大而重要,是因为在圆中有大量的应用,而正是圆周角定理(定理2)使这些应用成为可能.如果一个四边形内接于圆,就称它为 **圆内接四边形**或 **共圆四边形**.

命题29 (圆内接四边形的主要特性). 凸四边形$ABCD$中:

(a) 若四边形$ABCD$为圆内接四边形,则其任意边与其余两个顶点呈的视角,且任意对角线与其余两个顶点呈的视角之和为$180°$（即任意两个对角互补）；

(b) 若四边形$ABCD$的一条边与其余两个顶点呈相等的视角,则$ABCD$为圆内接四边形；

(c) 若四边形$ABCD$的一条对角线与其余两个顶点呈的视角互补,即对角互补,则$ABCD$为圆内接四边形.

证明. (a)用O表示四边形$ABCD$的外接圆圆心.

由圆周角定理,$\angle ACB = \frac{1}{2}\angle AOB = \angle ADB$.

同理可证其他三边的情况.

进一步,OB和OD形成的两个圆心角组成圆周角,即两角和为$360°$,所以$\angle A$ 和$\angle C$加和为$\frac{1}{2} \times 360° = 180°$.同理可得$\angle B + \angle D = 180°$.

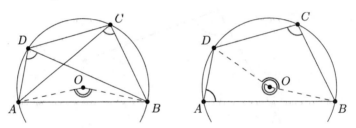

(b)不失一般性,假设$\angle ACB = \angle ADB$,设直线AD与$\triangle ABC$外接圆二次相交于点D'.

由(a)可知,$\angle AD'B = \angle ACB = \angle ADB$,则$DB$与$D'B$平行.所以$D$与$D'$重合,即$ABCD$为圆内接四边形.

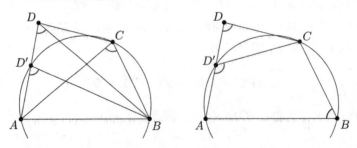

(c) 与(b)类似,假设$\angle ABC + \angle CDA = 180°$,并设直线$AD$与$\triangle ABC$ 外接圆二次相交的交点为D'.

再次,由(a)可得,$\angle AD'C = 180° - \angle ABC = \angle ADC$,因此$CD//CD'$,$D = D'$,即$ABCD$为圆内接四边形. □

作为以上命题的直接推论,我们得到:在圆ω中,固定的弦AB与圆上一动点X形成的角$\angle AXB$只有两个可能的角度值,这个值取决于AB与X的相对位置,并且这两个值之和为$180°$.

另一方面,已知线段AB和角φ,则满足$\angle AXB = \varphi$的点X的轨迹 由两个圆弧组成,并且这两个弧关于AB对称.

此外,若一个结构中有四个点共圆,则我们可以找到很多对相似的三角形.

推论30. $ABCD$为圆内接四边形,P是对角线的交点,R为射线BA与CD的交点.则:

(a) $\triangle ABP \backsim \triangle DCP$,且$\triangle BCP \backsim \triangle ADP$;
(b) $\triangle RAD \backsim \triangle RCB$,且$\triangle RAC \backsim \triangle RDB$.

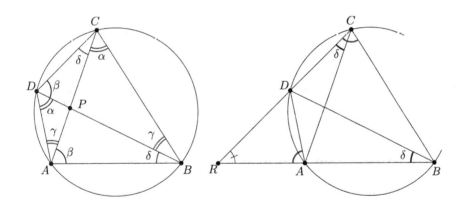

证明. (a)将$ABCD$的外接圆分为四个弧AB、BC、CD和DA,并分别用α、β、γ和δ表示相应的圆周角.

则$\angle PBA = \delta = \angle DCP$,且$\angle BAP = \beta = \angle PDC$.

因此由角角判定,$\triangle ABP$与$\triangle DCP$相似.

第二个相似关系也可由相似的方法证明.

(b) 观察可得$\angle DAR = 180° - \angle BAD = \angle RCB$.

此外,因为$\triangle RAD$与$\triangle RCB$有公共角,可得这两个三角形相似.

最后,因为$\angle RCA = \delta = \angle DBR$,因此由角角判定可得$\triangle RAC \backsim \triangle RDB$,证毕. □

注意,这些三角形是间接相似的,在关于逆平行的部分我们将对此进一步讨论.

现在我们来证实一个圆周角定理的重要推论.

推论31 (弧与角的对应). 弧AB与弧CD为圆ω上相等的两个弧，则其相对应的圆周角也相等.

证明. 由于两弧相等，它们在圆ω周长中所占比例也相等，因此相对应的圆心角也相等，从而对应的圆周角也相等. □

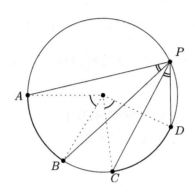

下面用两个例题说明此推理.

例题7. $ABCD$为圆内接四边形：

(a) 若$AD = BC$，则$ABCD$为梯形；

(b) 若$AC = BD$，则$ABCD$为梯形.

注释. 由于各国定义不同，本书中，梯形指代"至少有一组对边平行的四边形"

证明. (a) 由$AD = BC$可得其对应的弧AD和BC相等，因此$\angle DCA$与$\angle BAC$相等. 所以$AB//CD$，即$ABCD$为梯形.

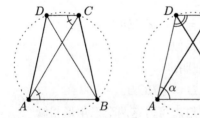 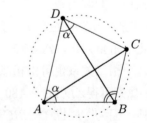

(b)设$\angle BAD = \alpha$. 因为$AC = BD$，所以$\angle CBA$，$\angle ADC$与$\angle BAD$对应相等的弧也等于α.

若$\angle CBA = \angle BAD = \alpha$，则$\angle ADC = 180° - \angle CBA = 180° - \alpha$，因此$AB$与$CD$平行. 类似地，若$\angle ADC = \angle BAD = \alpha$，则$\angle CBA = 180° - \alpha$，因此，$AD$与$BC$平行. （题目不严谨！没有考虑矩形也符合已知条件.） □

例题8. $\triangle ABC$为圆ω的内接三角形，M_a是不含点A的弧BC的中点.则$\angle A$的内角平分线与BC的中垂线都经过M_a.

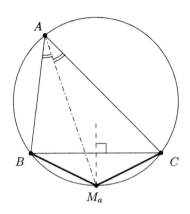

证明. 因为M_a是弧BC的中点，所以$BM_a = CM_a$，因此M_a在BC的中垂线上.

同时，由于相等的弧对应相等的圆周角，于是$\angle BAM_a = \angle M_aAC$，即$M_a$在$\angle A$的角平分线上. □

下面的推论使追角法在圆内接四边形中用起来更方便.

推论32. $ABCD$为圆ω的内接四边形，P为其对角线交点.假设射线BA与CD相交于R，β和δ分别表示弧BC（不含点A）和弧DA（不含点B）对应的圆周角.则:

(a) $\angle BPC = \beta + \delta$；
(b) $\angle BRC = \beta - \delta$.

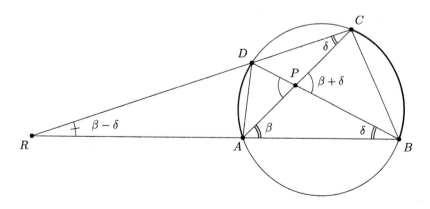

证明. (a)在$\triangle ABP$中，由外角定理得
$$\angle BPC = \angle BAP + \angle PBA = \beta + \delta$$

(b) 类似地，在 $\triangle ACR$ 中，可得
$$\angle BRC = \angle BAC - \angle RCA = \beta - \delta$$

结论得证. □

实际上，这个推论说明了我们可以用圆上某弧对应的圆周角来表示两个弦之间的夹角. 有了这个结论，下面的这个证明过程就不言自明了.

例题9. AB 为圆 ω 上一条弦，M 为弧 AB 的中点. 设直线 l 经过 M，与弦 AB 相交于 P，与圆 ω 二次相交于点 Q. 类似地，设直线 m ($m \neq l$) 经过 M，与弦 AB 和圆 ω 分别交于点 R 和 S. 求证：点 P、Q、R 和 S 共圆.

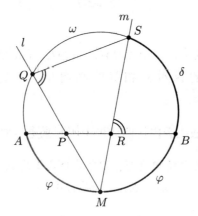

证明. 本题只需证明 $\angle PQS + \angle SRP = 180°$，或等价的 $\angle MQS = \angle BRS$.

已知，劣弧 MA 与劣弧 MB 相等，用 φ 表示其对应的圆周角. 此外，用 δ 表示圆 ω 上不含 A 的弧 BS 对应的圆周角.

由推论32(a)可得，$\angle BRS = \varphi + \delta = \angle MQS$，证毕. □

如果直线（例如 l）与直线 AB 相交于圆外，以上结论依然成立. 我们把这个证明留给读者作为练习，提示一下，可使用推论32(b).

如果想要证明三个曲线相交于一点，通常来说，比较方便的做法是先假设其中两条交于某点，然后证明该点在第三条曲线上. 这个方法在命题6和命题7的证明中已使用过.

定理33 (Miquel's[①] pivot theorem 密克定理). 在 $\triangle ABC$ 中，P、Q 和 R 分别为 BC、CA 和 AB 上互异的点. 求证：$\triangle ARQ$、$\triangle BPR$ 和 $\triangle CQP$ 的外接圆交于一点.

[①] Auguste Miquel 是一位活跃于19世纪中期的法国数学家.

证明. 设△BPR、△CQP的外接圆的另一交点为点M，并假设M位于△ABC内部.

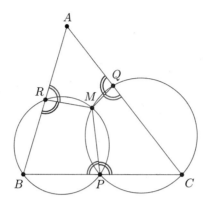

因为BPMR和CQMP均为圆内接四边形，于是

$$\angle MRA = 180° - \angle BRM = \angle MPB = 180° - \angle CPM = \angle MQC$$
$$= 180° - \angle AQM$$

因此，在四边形ARMQ中，一对对角和为180°，于是，ARMQ为圆内接四边形.由此可证明结论. M不在△ABC内部的情况也可用类似的方法证明. □

正如我们已经看到的，在某种意义上，圆内接四边形里蕴藏着大量角的信息.所以当直接使用追角法无望时，寻找圆内接四边形是非常有价值的思路.

例题10 (All-Russian Olympiad 全俄奥林匹克竞赛1996). 在凸四边形ABCD中，在AB上选取点E和F，满足AE < AF.已知∠ADE = ∠FCB，并且∠EDF = ∠ECF.求证：∠FDB = ∠ACE.

证明. 由∠EDF = ∠ECF可知，CDEF为圆内接四边形.

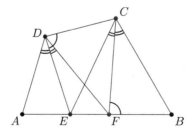

因此，∠BFC = ∠EDC，并且

$$180° - \angle CBA = \angle BFC + \angle FCB = \angle EDC + \angle ADE = \angle ADC$$

由此，$ABCD$ 也是圆内接四边形．

于是，$\angle ADB = \angle ACB$，两边减去 $\angle ADF = \angle ECB$ 后，即可得到结论． □

切线

另一个可以由角度描述的现象是相切．

关于切线的重要结论是弦 AB 与经过点 A 的切线的夹角等于弧 AB 对应的圆周角，下面的命题是对它的正式叙述．

命题 34. $\triangle ABC$ 内接于圆 ω，直线 ℓ 经过点 A，且不与 AB 重合．L 为 ℓ 上一点，且满足 C 与 L 在 AB 的两侧．则当且仅当 $\angle LAB = \angle ACB$ 时，AL 为圆 ω 的切线．

证明． 显然，经过点 A 仅可能有一条圆 ω 的切线，并且经过点 B 仅可能有一条直线满足 $\angle LAB = \angle ACB$．因此，本题只需证明：若 AL 与圆 ω 相切，则 $\angle LAB = \angle ACB$．

用 O 表示圆 ω 的圆心、M 表示 AB 的中点．

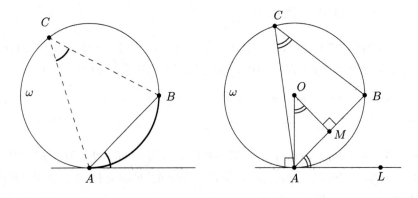

若 AL 与圆 ω 相切，则它垂直于半径 OA，于是

$$\angle LAB = 90° - \angle MAO = \angle AOM = \frac{1}{2}\angle AOB = \angle ACB$$

证毕． □

例题 11. ABC 为三角形，圆 ω_a 与 AB 相切于点 A 并且经过点 C．类似地，圆 ω_b 与 BC 相切于点 B 并且经过点 A，圆 ω_c 与 CA 相切于点 C 并且经过点 B．求证：圆 ω_a、ω_b、ω_c 相交于一点．

证明． 用 K 表示圆 ω_a 与 ω_b 的另一个交点．

因为 BC 与圆 ω_b 相切于点 B，于是 $\angle CBK = \angle BAK$．

类似地，观察圆 ω_a 与它的切线 AB，我们得到 $\angle BAK = \angle ACK$．

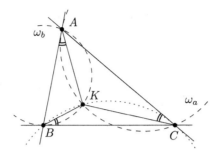

两式结合，得到$\angle CBK = \angle ACK$.

这说明CA与$\triangle BCK$的外接圆相切.

由于只可能存在一个圆满足既经过B又与AC相切于点C，因此$\triangle BCK$的外接圆就是圆ω_c. 所以K也在圆ω_c上，结论得证. □

点K被称为$\triangle ABC$的第一布洛卡点（the first Brocard[①] point）. 第二布洛卡点则由A、B、C字母相反顺序定义的圆相交而得.

若两圆相切，在切点作公切线常常很奏效.

例题12. 圆ω_1与ω_2外切于点T. 它们与外公切线t分别相切于A和B. 求证$\angle ATB = 90°$.

证明. 设直线t与两圆的内公切线交于点M.

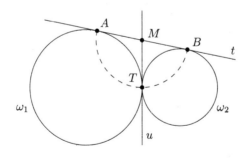

点M与圆ω_1、ω_2的切线长相等，则$MA = MT = MB$.

因此M为AB的中点，并且是$\triangle ABT$外接圆的圆心，于是$\angle BTA = 90°$. □

逆平行线

在这一部分，我们将讨论另一种追角法技巧. 虽然这部分内容看起来复杂又

[①] Pierre René Jean Baptiste Henri Brocard（1845 — 1922）法国数学家和气象学家，被视为现代三角几何的共同创立人之一.

不会立竿见影，但其中展示的观察角度与方法是无价之宝.我们强烈建议读者们密切关注这些内容.

当两个相似三角形有公共角时，如果它们直接相似（又称"正相似"），那么公共角两条对边互相平行；如果它们间接相似（又称"逆相似"），那么这两条边可以组成圆内接四边形，见推论30.

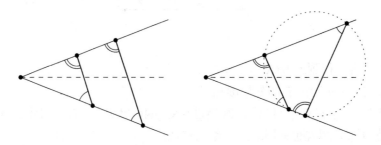

我们看到在这个例子中，直接相似与间接相似只是互为"分体的"镜射，也就是关于公共角角平分线的镜射.逆平行线的概念应用了间接相似与圆内接四边形之间的关系.

现在我们已经准备好，可以定义逆平行线了. 已知直线n、l和m，且l与m都不平行于n，l'为直线l关于n的镜射.如果l'平行于m，那么我们说l与m关于n逆平行.在讨论逆平行时，如果n为明确的参照物，通常不再提及具体的参照物. 请注意，以下叙述的内容都是成立的：

(a) 若直线l逆平行于直线m，则它逆平行于所有m的平行线.
(b) （对称性）若直线l逆平行于直线m，则m也逆平行于l.
(c) 已知直线n及一组互相平行的平行线，则与这组平行线（关于n）逆平行的直线也组成了一组平行线.

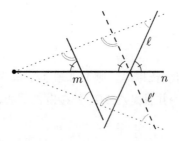

现在这个概念已经很清晰了，接下来我们将使它具体化并把所有可能的情况介绍给大家.在这部分内容中，我们会再次见到相切，因为它是共圆的临界情况.

命题35. 直线m与$\angle AOB$的两边射线OA和OB分别交于互异的点X和Y. 直

线 l ($l \neq m$) 与 $\angle AOB$ 的两边 OA 和 OB 分别交于点 P 和 Q（不一定是互异的点）. 则当且仅当以下条件之一成立时，l 与 m 关于 $\angle AOB$ 的角平分线逆平行.

(a) 点 X、Y、P 和 Q（两两互异）共圆.

(b) 当 $X = P$（或 $Y = Q$）时，直线 OA 与 $\triangle XYQ$（或 $\triangle XYP$）的外接圆相切.

(c) 当 l 经过点 O 时，直线 l 与 $\triangle XYO$ 的外接圆相切.

证明. 首先假设直线 l 与 m 逆平行，并用 n 表示 $\angle AOB$ 的角平分线.

若 m 垂直于 n，则 l 也垂直于 n，结论显而易见.

当 m 不垂直于 n 时，作直线 m 关于 n 的对称线 m'，并设其与 OB 和 OA 的交点分别为 X' 和 Y'.

(a) 如图所示，有 l_1 到 l_4、P_1 和 Q_1 到 P_4，Q_4 四种可能的情况.

在其中每一种情况下，都可得到 $\angle OPQ = \angle OY'X' = \angle OYX$，因此，命题成立.

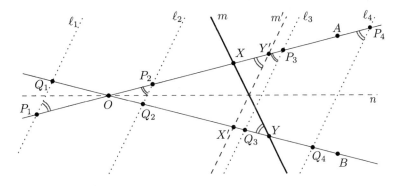

(b) 类似地，可得 $\angle OP_5Q_5 = \angle OY'X' = \angle OYX$，应用命题34可完成证明.

(c) 应用命题34即可完成证明.

逆向的证明也可用相同的方法完成.

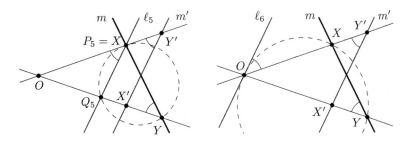

□

请注意，若用一条带及其对称轴代替 $\angle AOB$ 和角平分线，前一条命题自然也成立.

既然逆平行线通常都是关于某角的角平分线产生的, 在这些情况下我们就称这些直线关于角逆平行, 或更简单些为在角中逆平行. "两条逆平行的直线都经过某角的顶点" 是我们特别感兴趣的一种情况, 我们称这样的直线是 等角的 (*isogonal*).

下面的两个例题都是简单而有启发性的.

例题13. 在圆内接四边形$ABCD$中, $P = AC \cap BD$, $Q = AD \cap BC$, 并且$R = AB \cap CD$. 直线p、q和r分别为$\angle APB$、$\angle AQB$和$\angle BRC$的角平分线. 求证r垂直于p和q.

证明. 不妨假设r为水平线.

因为$ABCD$是圆内接四边形, 所以直线AC与BD关于r逆平行, 则它们与r相交构成的三角形为等腰三角形. 在以水平线为底边的等腰三角形中, 顶角的角平分线为竖直方向, 因此$r \perp p$.

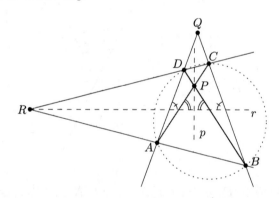

同时, 四边形$ABCD$由AD和BC构成, 因此AD与BC也关于r逆平行, 同理, $r \perp q$. □

这个例题有一个非常有趣的推论.

推论36. 圆内接四边形$ABCD$中, $P = AC \cap BD$, $Q = AD \cap BC$, 并且$R = AB \cap CD$. 求证: 若直线l与l'关于$\angle APB$、$\angle AQB$ 和$\angle BRC$ 中的一条角平分线逆平行, 则它们也关于其余两条角平分线逆平行.

证明. 很明确地, 若直线l与l'关于某直线o逆平行, 则它们也关于o的任一平行线o'以及任一垂线o''逆平行.

因为$\angle APB$、$\angle AQB$和$\angle BRC$的角平分线之间, 或平行或垂直, 于是结论得证. □

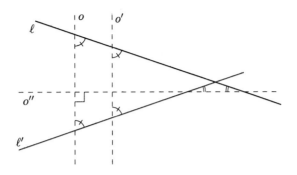

例题14 (Czech and Slovak 捷克和斯洛伐克2010). 圆ω_1与ω_2相交于点A和B. 外公切线t分别与两圆相切于点K和L, 且满足点B在$\triangle KLA$内. 直线ℓ经过点A并分别与ω_1、ω_2相交于点M、N. 求证：当且仅当$KLNM$是圆内接四边形时, 直线ℓ与$\triangle KLA$的外接圆相切.

证明. 用m表示直线t与ℓ所成角的角平分线（若t与ℓ平行，则表示它们的对称轴），于是每一对逆平行线都是关于m定义的.

首先, 因为t与$\triangle KAM$的外接圆相切, KA与KM逆平行. 同理, LA与LN逆平行.

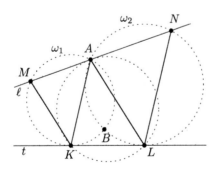

若ℓ与$\triangle KLA$的外接圆相切, 则KA与AL逆平行. 由于KM与KA、KA与AL、AL与LN均为逆平行关系, 综合可得KM与LN逆平行. 因此$KLNM$是圆内接四边形.

反之, 若四边形$KLNM$为圆内接四边形, 则AK与KM、KM与LN、LN与LA均为逆平行关系. 因此, KA与LA逆平行, ℓ与$\triangle KAL$的外接圆相切. $\qquad\square$

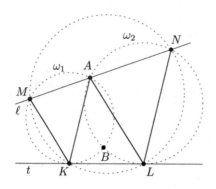

有向角mod① 180°

我们将用另一个高级的概念结束这部分的内容.一些追角法中需要根据点的相对位置进行研究（例如，一个三角形是锐角三角形还是钝角三角形？交点是在哪个半平面？一些点是以怎样的顺序排列在直线或圆里的？）．如果使用这个叫作有向角mod180°的方法，则会减少解题步骤.

两个相交于点O的直线l与m之间的角度值可以被看作区间$[0,180)$中的数字，它描述了直线l绕点O逆时针旋转到直线m的位置所转过的角度.

我们把这个数量称为角的有向值，并用$\angle(l,m)$表示. 请注意，括号里字母的顺序很重要——事实上$\angle(l,m)+\angle(m,l)=180°$. 采用这样的理念思考，我们会发现一些性质变得非常简洁.

命题37. *(a)* 考虑$mod\ 180°$时，$\angle(l,m)+\angle(m,n)=\angle(l,n)$.

(b) 对任意点P，当且仅当点A、B与C以某种顺序共线时，$\angle(PA,AB)=\angle(PA,AC)$.

(c) 当且仅当点A、B、C和D以某种顺序共圆时，$\angle(AC,CB)=\angle(AD,DB)$.

证明. 前两部分是显而易见的，只是在第一部分要记得$mod\ 180°$（如图所示）．

第三部分是命题29的结论．

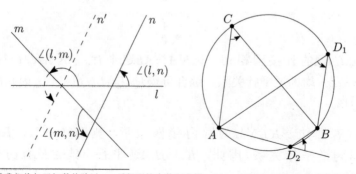

---
①这意味着我们将与已知数值除以180后得到的余数打交道，以200°为例，我们将处理的值为20°.

再次特别强调一下，圆内接四边形的特性大有用途.我们会用一个例题说明有向角的用法，大家可以自己看看这种方法是怎样从根本上简化了解题过程.

例题15 (Simson① line 西摩松线). $\triangle ABC$ 与点 X 在同一平面上. 点 P、Q 和 R 分别为 X 到边 BC、CA 和 AB 的垂足. 求证：当且仅当 X 在 $\triangle ABC$ 的外接圆上时，点 P、Q、R 共线.

证明. 首先，假设一个垂足与 $\triangle ABC$ 某一顶点重合，例如点 P 与顶点 C 重合.

因为 Q 在 AC 上，则当且仅当 Q 与 C 重合或 R 与 A 重合时，P、Q、R 共线. 第一种情况相当于 $X = C$，第二种情况相当于 X 为 B 的对径点，二者都不成立.

于是可得点 P、Q、R、A、B、C 两两互异.

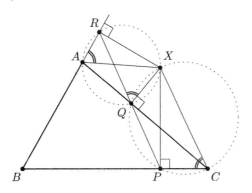

因为点 P、Q、R 均为垂足，于是 $\angle(XQ, QA) = 90° = \angle(XR, RA)$. 则由命题37(c)可得，点 X、A、Q、R 以某种顺序共圆. 类似地，点 X、C、Q、P 共圆.

由此
$$\angle(XQ, QR) = \angle(XA, AR) = \angle(XA, AB)$$
且
$$\angle(XQ, QP) = \angle(XC, CP) = \angle(XC, CB)$$

所以当且仅当 $\angle(XA, AB) = \angle(XC, CB)$ 成立时，$\angle(XQ, QR) = \angle(XQ, QP)$ 成立. 前者等价于点 P、Q、R 共线，后者等价于点 A、B、C、X 共圆. 命题得证.

作为附加练习，请对以下两个定理按要求给出新的证明：

定理2 无需解题过程.

定理33 通过 $\triangle ABC$ 边线上的点 P、Q、R（并非一定要在三角形的边上）完成证明.

---
①Robert Simson (1687 — 1768) 苏格兰数学家，格拉斯哥大学数学教授.

1.4 比 例

让我们用两个例题开始这部分内容!

例题16. 点P、Q为直线ℓ同侧且互异的两点,点X、Y分别为它们在ℓ上的投影,直线YP与XQ相交于点Z.已知$PX = 4$,$QY = 6$,求点Z到直线ℓ 的距离.

解: 设点Z_0为Z在直线ℓ上的投影.

由$PX // QY$可得,$\triangle PZX \sim \triangle YZQ$,相似比为$k = QY/PX = \frac{3}{2}$.

同时,由$ZZ_0 // QY$可得,$\triangle XZZ_0 \sim \triangle XQY$,并且也可由下式确定相似比

$$\frac{QX}{ZX} = 1 + \frac{ZQ}{ZX} = 1 + k = \frac{5}{2}$$

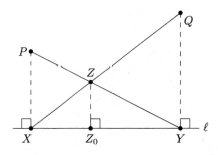

由此可推导出相似比$ZZ_0 = \frac{2}{5}QY = \frac{12}{5}$.

例题17. $\triangle ABC$为直角三角形,其中$\angle A = 90°$,AD 为BC 边上的高. r、r_1和r_2分别为$\triangle ABC$、$\triangle ABD$ 和$\triangle ACD$的内径. 求证

$$r^2 = r_1^2 + r_2^2$$

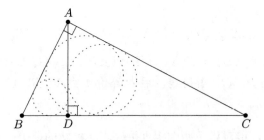

证明. 由角角判定可得,$\triangle ABC$、$\triangle DBA$和$\triangle DAC$ 均相似,这意味着它们之间是成比例的.特别地,三个三角形中内径与斜边之间的比例系数是相同的值k.由此

$$r = k \cdot BC, \quad r_1 = k \cdot AB, \quad r_2 = k \cdot AC$$

所以，实际上我们需要证明
$$k^2 \cdot BC^2 = k^2 \cdot AB^2 + k^2 \cdot AC^2$$
直角$\triangle ABC$中，由勾股定理公式即可得到
$$BC^2 = AB^2 + AC^2$$
证毕. □

以上，我们看到了如何通过相似性获得比例，从而找到解法. 现在我们将进一步展示比例与共圆、共线和共点等几何的基本概念之间密切的联系.

点到圆的幂

命题38. *(a)* 在凸四边形$ABCD$中，$P = AC \cap BD$. 则当且仅当
$$PC \cdot PA = PB \cdot PD$$
时，点A、B、C、D共圆.

(b) 在凸四边形$ABCD$中，$P = AB \cap CD$. 则当且仅当
$$PA \cdot PB = PC \cdot PD$$
时，点A、B、C、D共圆.

(c) 假设点P、B、C共线并依次排列，点A不在此直线上. 则当且仅当
$$PA^2 = PB \cdot PC$$
时，直线PA与$\triangle ABC$的外接圆相切.

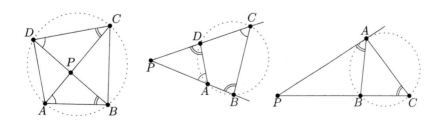

证明. (a)观察可得，原式可重写为$PA/PB = PD/PC$，于是由边角边判定可得$\triangle PAB$与$\triangle PDC$相似.

反之，由角角判定，A、B、C、D共圆也等价于这两个三角形相似（见命题29和30(a)）。由此，(a)证明完毕.

(b)类似地，通过$\triangle PAD$与$\triangle PCB$的相似性可证明结论.

(c)当且仅当$\angle ACB = \angle PAB$时，直线PA与$\triangle ABC$的外接圆相切（见命题34）。由角角判定，$\angle ACB = \angle PAB$等价于$\triangle PAB \sim \triangle PCA$.

正如(a)的证明方法，我们可以推导出与等式关系等价的相似关系并完成证明. □

得益于以下这个命题，我们才能用数字描述点与圆的关系.

定理39 (Power of a Point 点到圆的幂). 已知点P和圆ω. l为任意通过点P的直线，并与ω相交于点A和B. 则$PA \cdot PB$的值与l的选取无关，并且，若P在ω外，直线PT与ω相切于T，则$PA \cdot PB = PT^2$.

如果用O表示ω的圆心、R表示半径，则$PA \cdot PB = |OP^2 - R^2|$. 故

$$p(P, \omega) = OP^2 - R^2$$

的值称为点P到圆ω的幂.

证明. 第一部分是上一命题的直接结论.

若l经过圆心O，则$PA \cdot PB = (OP + R)|OP - R| = |OP^2 - R^2|$. □

请注意，当点P在圆ω内时，$p(P, \omega)$为负值；当点P在圆ω上时，$p(P, \omega)$为零；当点P在圆ω外时，$p(P, \omega)$为正.

现在我们来看看点到圆的幂这个概念有多么的重要.

命题40. 圆ω_1、圆ω_2的圆心分别为互异的两点O_1、O_2，半径分别为R_1、R_2. 则

(a) 满足$p(X, \omega_1)$为常数的点X的轨迹是ω_1的同心圆.

(b) 满足$p(X, \omega_1) = p(X, \omega_2)$的$X$的轨迹是一条垂直于$O_1O_2$的直线. 这条线被称为这两个圆的根轴或等幂轴.

证明. (a)很简单. 因为$p(X, \omega_1) = XO_1^2 - R_1^2$，只需$XO_1$为常数即可使$p(X, \omega_1)$也为常数. 所以所求轨迹实际上就是$\omega_1$的同心圆（很可能是退化的）.

(b)我们将条件重写为$XO_1^2 - XO_2^2 = R_1^2 - R_2^2$. 由垂直的判定（见命题22），满足此条件的点组成的直线垂直于O_1O_2. □

在解决涉及两圆相交的问题时，很多情况下根轴是十分强大的工具，因为在这个情况下，两圆交点到两圆的幂相等（均为零），于是两个交点的连线就是根轴.

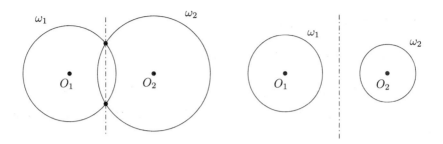

命题41. 圆ω_1与圆ω_2相交于点A和B，外公切线与两圆的切点分别为K和L. 则直线AB平分线段KL.

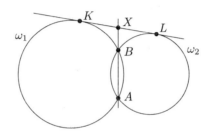

证明. 设X为AB与KL的交点.

因为AB为ω_1与ω_2的根轴，所以
$$XK^2 = p(X,\omega_1) = p(X,\omega_2) = XL^2$$
于是X是KL的中点. □

命题42 (Radical center 根心). 圆ω_1、圆ω_2和ω_3的圆心互不重合，则每两个圆之间的根轴（共三条）或相互平行，或交于一点，交点被称为三个圆的根心.

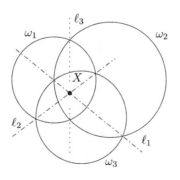

证明. 假设ω_2和ω_3的根轴ℓ_1，与ω_3和ω_1的根轴ℓ_2相交于点X. 则
$$p(X,\omega_2) = p(X,\omega_3) = p(X,\omega_1)$$

所以，X 也在 l_3 和 ω_1 的根轴 ω_2 上. □

接下来我们将看到这个命题的一个巧妙的应用.

例题18. $\triangle ABC$ 的内切圆 ω 与边 BC、CA 和 AB 分别相切于点 D、E 和 F，点 Y_1、Y_2、Z_1、Z_2 和 M 为 BF、BD、CE、CD 和 BC 的中点. 设 $Y_1Y_2 \cap Z_1Z_2 = X$. 求证: $MX \perp BC$.

证明. 将点 B 和 C 考虑为两个半径为零的圆.

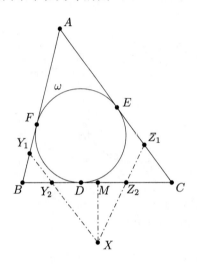

于是
$$p(Y_1, \omega) = Y_1F^2 = Y_1B^2 = p(Y_1, B)$$

则 Y_1 位于圆 ω 与圆 B 的根轴上.

类似地，Y_2 也位于此根轴上.

因此，直线 Y_1Y_2 就是圆 ω 与圆 B 的根轴.

同理可得，Z_1Z_2 为圆 ω 与圆 C 的根轴.

由此，X 为这三个圆的根心，并在 B 与 C 的根轴上，即直线 MX 为 BC 的中垂线. □

现在我们来介绍以上定理的一个更易应用的形式，它使我们可以在共点与共圆之间转化，是很多奥林匹克题目解决的关键.进一步地，我们把它称作根引理.

命题43 (Radical Lemma 根引理). 直线 l 为圆 ω_1 和圆 ω_2 的根轴. A、D 为圆 ω_1 上互异的两点，B、C 为圆 ω_2 上互异的两点，且满足直线 AD 不与 BC 平行.则当且仅当 $ABCD$ 为圆内接四边形时，直线 AD 与 BC 的交点在直线 l 上.

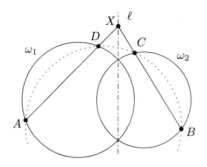

证明. 如果$ABCD$不是凸四边形,则题干中的条件都不能满足,所以结论成立.

其他情况下,设X为AD与BC的交点.

注意,当且仅当$p(X,\omega_1) = p(X,\omega_2)$,或等价的$XD \cdot XA = XC \cdot XB$ 时,X在根轴上. 然而,后一个条件等价于点A、B、C、D共圆,(见命题38). □

例题19 (IMO 1995). A、B、C、D为依次排列且共线的四个互异的点. 以AC为直径的圆与以BD为直径的圆相交于点X和Y. P为直线XY上一点,满足$P \notin BC$. 直线CP与以AC为直径的圆相交于点C和M,直线BP与以BD为直径的圆相交于点B和N. 求证:直线AM、DN、XY交于一点.

证明. 首先假设点P在圆外.

直线XY为两个圆的根轴,并且BN、CM、XY交于一点,所以由根引理可得,点B、C、M、N共圆.

从另一个方向考虑根引理,发现本题只需证明A、D、M、N也共圆.

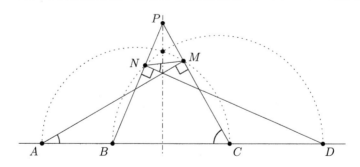

这很简单! 我们只需记得AC与BD为直径,由追角法

$$\angle DNM + 90° = \angle BNM = 180° - \angle MCB = \angle DAM + 90°$$

因此$ADMN$是圆内接四边形.

点P在线段XY上的情况可用类似的方法完成证明. 有向角是本题另一个可选的解法. □

Ceva's[1] Theorem 塞瓦定理

在这一部分中，我们将探索所谓的塞瓦线，它是三角形顶点与其对边上任一点的组成的线段.

定理44 (Ceva's Theorem塞瓦定理). 在$\triangle ABC$中，P、Q、R分别为边BC、CA、AB上的点. 则以下条件是等价的：

(a) 直线AP、BQ、CR交于一点.

(b)
$$\frac{BP}{PC} \cdot \frac{CQ}{QA} \cdot \frac{AR}{RB} = 1 \qquad (\star)$$

(c) (三角形式)
$$\frac{\sin \angle PAC}{\sin \angle BAP} \cdot \frac{\sin \angle QBA}{\sin \angle CBQ} \cdot \frac{\sin \angle RCB}{\sin \angle ACR} = 1$$

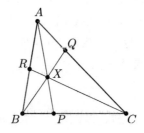 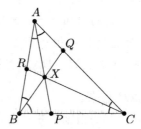

证明. (a) $\Rightarrow$ (b)：假设塞瓦线相交于点X. 由面积定理（见命题27）可得

$$\frac{[AXB]}{[AXC]} = \frac{BP}{PC}$$

同理

$$\frac{[BXC]}{[AXB]} = \frac{CQ}{QA}, \qquad \frac{[AXC]}{[BXC]} = \frac{AR}{RB}$$

三式相乘即得到$(\star)$.

(b) $\Rightarrow$ (a)：假设$(\star)$成立. 设BQ与CR相交于点X，且AX与BC相交于点P'. 则AP'、BQ和CR为三条塞瓦线，并交于一点，因此

$$\frac{BP'}{P'C} \cdot \frac{CQ}{QA} \cdot \frac{AR}{RB} = 1$$

与$(\star)$比较，可得

$$\frac{BP'}{P'C} = \frac{BP}{PC}$$

---

[1] Giovanni Ceva (1647 — 1734) 意大利数学家.

因此P与P'切分线段BC的比例相同，即二者重合，这意味着AP、BQ与CR共点.

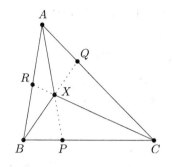 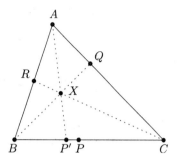

(c) ⇔ (b): 在相邻的$\triangle ABP$和$\triangle APC$中，使用比例引理（见命题18）可得

$$\frac{BP}{PC} = \frac{AB\sin\angle BAP}{AC\sin\angle PAC}$$

同理

$$\frac{CQ}{QA} = \frac{BC\sin\angle CBQ}{AB\sin\angle QBA}$$

$$\frac{AR}{RB} = \frac{AC\sin\angle ACR}{BC\sin\angle RCB}$$

三式相乘并化简可得

$$\frac{BP}{PC}\cdot\frac{CQ}{QA}\cdot\frac{AR}{RB} = \frac{\sin\angle BAP}{\sin\angle PAC}\cdot\frac{\sin\angle CBQ}{\sin\angle QBA}\cdot\frac{\sin\angle ACR}{\sin\angle RCB}$$

因此这两个条件是等价的.

□

塞瓦定理证实了很多重要三角形中心的存在，我们已经接触过其中的一些.

推论45. 在$\triangle ABC$中，以下的塞瓦线共点（这里我们将一直用点P、Q、R分别表示塞瓦线与边BC、CA、AB的交点）：

(a) 中线；

(b) 角平分线；

(c) 高；

(d) 内切圆切点对应的塞瓦线(Gergonne[①] point 热尔岗点)；

(e) 旁切圆切点对应的塞瓦线(Nagel[②] point 纳格尔点).

[①]Joseph Diaz Gergonne (1771 — 1859) 法国数学家、逻辑学家.
[②]Christian Heinrich von Nagel (1803 — 1882) 德国几何学家.

证明. (a) 因为 $BP = CP$, $AQ = CQ$, $AR = BR$, 由塞瓦定理可直接推出三条中线共点.

(b) 因为 $\angle BAP = \angle PAC$, $\angle CBQ = \angle QBA$, 并且 $\angle ACR = \angle RCB$, 由塞瓦定理的三角形式可直接推出三条角平分线共点.

(c) 对高线, 我们也应用塞瓦定理的三角形式, 可得

$$\frac{\sin \angle BAP}{\sin \angle PAC} = \frac{\sin(90° - \angle B)}{\sin(90° - \angle C)} = \frac{\cos \angle B}{\cos \angle C}$$

类似地, 可以得到另两个表达式.

只需将三个等式相乘即可得到我们想要的结论.

(d) 由题目可得, $AQ = AR$、$BR = BP$、$CP = CQ$, 因此由塞瓦定理可得塞瓦线共点.

(e) 由命题15(c)可得, $AR = CP$、$BP = AQ$、$CQ = BR$, 再次, 由塞瓦定理可得塞瓦线共点. □

例题20. 在 $\triangle ABC$ 中, 点 M、N 分别在边 AB、AC 上, 且满足 $MN // BC$. 求证: 直线 BN 与 CM 的交点在以 A 为顶点的中线上.

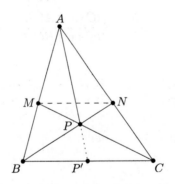

证明. 因为 $MN // BC$, M、N 以相同的比例分别把 AB、AC 分割为两部分, 换句话说

$$\frac{AM}{MB} = \frac{AN}{NC}$$

用 P 表示 BN 与 CM 的交点、P' 表示 AP 与 BC 的交点.

因为 AP'、BN 与 CM 共点, 由塞瓦定理可得

$$\frac{BP'}{P'C} \cdot \frac{CN}{NA} \cdot \frac{AM}{MB} = 1$$

因此

$$\frac{BP'}{P'C} = \frac{AN}{NC} \cdot \frac{MB}{AM} = 1$$

于是, $BP' = P'C$, 即 P 在以 A 为顶点的中线上. □

定理46 (Existence of isogonal conjugate 等角共轭的存在). 设塞瓦线AP、BQ和CR相交于点X. 分别作AP、BQ、CR的等角线AP'、BQ'、CR'. 则AP'、BQ'、CR'也交于一点, 称为X的等角共轭点.

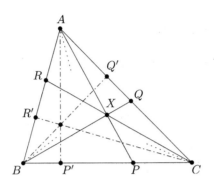

证明. 由于在$\angle A$中, AP'为AP的等角线, 可得$\angle BAP = \angle P'AC$, 且$\angle PAC = \angle BAP'$. 其他塞瓦线也是相同情况. 于是

$$\frac{\sin\angle BAP}{\sin\angle PAC} \cdot \frac{\sin\angle CBQ}{\sin\angle QBA} \cdot \frac{\sin\angle ACR}{\sin\angle RCB} = \frac{\sin\angle P'AC}{\sin\angle BAP'} \cdot \frac{\sin\angle Q'BA}{\sin\angle CBQ'} \cdot \frac{\sin\angle R'CB}{\sin\angle ACR'}$$

因为AP、BQ、CR共点, 由塞瓦定理的三角形式可得, 等式左边等于1.

所以, 等式右边也等于1, 于是AP'、BQ'、CR'共点. □

显而易见, 等角共轭是一种对称的关系, 除了内心以外, 三角形中的点都是成对出现的 (内心的对称点就是它本身). 同时, 也应注意等角共轭的概念也可以轻易地扩展到$\triangle ABC$外部.

在众多点中, 有一对点要比其他点来得都重要. 以下的命题很简单, 但展现了它们的详细情况, 我们为它起了一个平易近人的名字——HO相伴.

命题47 (HO相伴). 在$\triangle ABC$中, 点H为其垂心, 点O为其外心. 则在$\angle A$中直线AO与AH是等角的, BH与BO、CH与CO在对应的角中也如此. 因此, H与O为等角共轭关系.

证明. 当$\triangle ABC$为锐角三角形时

$$\angle BAO = \frac{1}{2}(180° - \angle AOB) = 90° - \angle C = \angle CAH$$

由此即可得到结论.

在其他情况下, 也可用类似的方法完成证明. □

50　■　106个几何问题：来自AwesomeMath夏季课程

例题21 (China MO training 中国奥林匹克训练题1988). 六边形$ABCDEF$内接于圆ω. 求证：当且仅当

$$AB \cdot CD \cdot EF = BC \cdot DE \cdot FA$$

时，对角线AD、BE、CF共点.

证明. 把AD、BE、CF当成$\triangle ACE$中的塞瓦线，并应用塞瓦定理的三角形式.

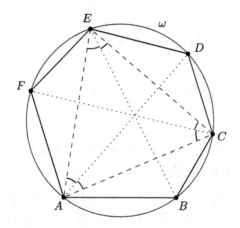

当且仅当

$$\frac{\sin \angle CAD}{\sin \angle DAE} \cdot \frac{\sin \angle ECF}{\sin \angle FCA} \cdot \frac{\sin \angle AEB}{\sin \angle BEC} = 1 \qquad (\clubsuit)$$

时，对角线共点.

用R表示ω的半径，则由扩展的正弦定理可得

$$\frac{\sin \angle CAD}{\sin \angle DAE} = \frac{\frac{CD}{2R}}{\frac{DE}{2R}} = \frac{CD}{DE}$$

同理

$$\frac{\sin \angle ECF}{\sin \angle FCA} = \frac{EF}{AF}, \qquad \frac{\sin \angle AEB}{\sin \angle BEC} = \frac{AB}{BC}$$

将以上结果代入($\clubsuit$)即可完成证明. □

Menelaus'[①] Theorem 梅涅劳斯定理

出乎意料地，判定三角形边（或延长线）上的三个点是否共线的方法也使用了类似塞瓦定理的形式.

[①]Menelaus of Alexandria（70 — 140）希腊数学家、天文学家.

定理48 (Menelaus' Theorem 梅涅劳斯定理). 点D、E、F分别落在$\triangle ABC$的三边BC、CA、AB所在直线上，且满足其中两个点或没有点落在三角形的边上. 则，当且仅当

$$\frac{BD}{DC} \cdot \frac{CE}{EA} \cdot \frac{AF}{FB} = 1 \qquad (\spadesuit)$$

时，点D、E、F共线.

证明. 首先假设点D、E、F共线于直线ℓ上. x、y、z分别表示点A、B、C到直线ℓ的距离. 由三角形相似可得

$$\frac{y}{z} = \frac{BD}{DC}, \qquad \frac{z}{x} = \frac{CE}{EA}, \qquad \frac{x}{y} = \frac{AF}{FB}$$

三式相乘即可得$(\spadesuit)$.

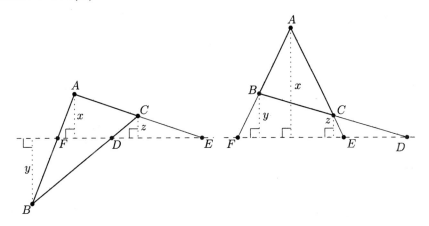

假设$(\spadesuit)$成立，并设EF与BC相交于点D'.

点D'、E、F共线，应用已证明的部分可得

$$\frac{BD'}{D'C} \cdot \frac{CE}{EA} \cdot \frac{AF}{FB} = 1$$

与$(\spadesuit)$相比，可得

$$\frac{BD'}{D'C} = \frac{BD}{DC} \qquad (\diamondsuit)$$

注意，D与D'或者都落在线段BC上，或者都落在线段外面. 无论哪种情况，$(\diamondsuit)$都说明D与D'重合，所以D、E、F共线. $\square$

得益于梅涅劳斯定理，在处理一些复杂题目时，我们只需关注其中一小部分即可.

例题22. ω为$\triangle ABC$的外接圆，以A为切点的ω的切线与直线BC相交于A_1. 类似地，也存在点B_1和C_1. 求证：A_1、B_1、C_1共线.

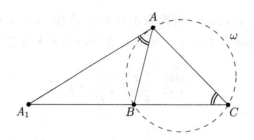

证明. 为了应用梅涅劳斯定理，我们先在△ABC中应用比例引理（见命题18）计算A_1B/A_1C，即

$$\frac{A_1B}{A_1C} = \frac{AB}{AC} \cdot \frac{\sin \angle A_1AB}{\sin \angle A_1AC}$$

因为AA_1为切线，则$\angle A_1AB = \angle C$（见命题34），且$\angle A_1AC = 180° - \angle B$，代入上式并使用正弦定理，可得

$$\frac{A_1B}{A_1C} = \frac{AB}{AC} \cdot \frac{\sin \angle C}{\sin \angle B} = \frac{AB^2}{AC^2}$$

同理

$$\frac{B_1C}{B_1A} = \frac{BC^2}{BA^2}, \quad \frac{C_1A}{C_1B} = \frac{CA^2}{CB^2}$$

三式相乘得到

$$\frac{A_1B}{A_1C} \cdot \frac{B_1C}{B_1A} \cdot \frac{C_1A}{C_1B} = 1$$

由梅涅劳斯定理，结论得证. □

例题23. 设△ABC为不等边三角形，M为边BC的中点. 三角形的内切圆圆心为I并与BC相切于点D，N为AD的中点. 求证：点N、I、M共线.

证明. 不妨假设$b > c$.

设AA_1为角平分线，其中$A_1 \in BC$. 接下来将在△ADA_1中应用梅涅劳斯定理.

已知$DN = AN$，由推论28可得

$$\frac{A_1I}{IA} = \frac{a}{b+c}$$

因此，接下来只需计算MD和MA_1.

由命题15(a)，$2BD = a + c - b$，又有M是BC的中点，得到

$$DM = BM - BD = \frac{a}{2} - \frac{a+c-b}{2} = \frac{b-c}{2}$$

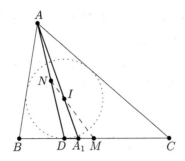

使用角平分线定理，得到
$$BA_1 = \frac{ac}{b+c}$$

于是
$$MA_1 = BM - BA_1 = \frac{a}{2} - \frac{ac}{b+c} = \frac{a(b-c)}{2(b+c)}$$

最后，在$\triangle ADA_1$中应用梅涅劳斯定理.

因为
$$\frac{AN}{ND} \cdot \frac{DM}{MA_1} \cdot \frac{A_1I}{IA} = 1 \cdot \frac{\frac{b-c}{2}}{\frac{a(b-c)}{2(b+c)}} \cdot \frac{a}{b+c} = 1$$

所以，由梅涅劳斯定理可得N、I、M共线. $\square$

下面这个设计精巧的题目中总结了这部分讨论过的全部技巧.

例题24 (IMO 1995). $\triangle ABC$的内切圆与边BC、CA和AB分别相切于点D、E、F. 点X在$\triangle ABC$中且满足$\triangle XBC$的内切圆与边BC、CX、XB分别相切于D、Y、Z. 求证：点E、F、Z、Y共圆.

证明. 首先，若$AB = AC$，则D为BC的中点，且$\triangle XBC$也为等腰三角形. 所以$ZYEF$为等腰梯形因此是共圆的.

现在假设$AB \neq AC$.

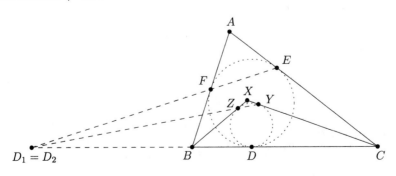

由于 BC 是两个圆的公切线，它也是这两个圆的根轴.由根引理（见命题43），本题只需证明 BC、EF 和 YZ 共点.

设 $D_1 = EF \cap BC$ 且 $D_2 = YZ \cap BC$. 此处的关键点是比较塞瓦定理（由推论45(d)，$\triangle ABC$ 中，AD、BE、CF 共点）和梅涅劳斯定理（$\triangle ABC$ 和直线 EF），得到

$$\frac{BD}{DC} \cdot \frac{CE}{EA} \cdot \frac{AF}{FB} = 1 = \frac{BD_1}{D_1C} \cdot \frac{CE}{EA} \cdot \frac{AF}{FB}$$

所以

$$\frac{BD}{DC} = \frac{BD_1}{D_1C}$$

类似地，考虑 $\triangle XBC$ 中，XD、BY 和 CZ 共点，以及直线 YZ，得到

$$\frac{BD}{DC} \cdot \frac{CY}{YX} \cdot \frac{XZ}{ZB} = 1 = \frac{BD_2}{D_2C} \cdot \frac{CY}{YX} \cdot \frac{XZ}{ZB}$$

所以

$$\frac{BD}{DC} = \frac{BD_2}{D_2C}$$

比较两式，可得

$$\frac{BD_1}{D_1C} = \frac{BD_2}{D_2C}$$

由于 D_1 和 D_2 都不在线段 BC 上，则二者重合.因此，BC、EF 和 YZ 共点，即结论得证. □

有向线段

应用塞瓦定理或梅涅劳斯定理时，可能会由于点的相对位置，带来困难的解题过程.但是，如果使用牛顿（Newton's[①]）的有向线段概念，这一步骤将会被简化.

我们用 $\overline{AB}$ 表示一条由 A 指向 B 的线段.

有向线段的重要性质是，同一条直线上的两个有向线段之间的比例或乘积是带有正负的：当两条有向线段同向时，结果为正，否则为负.通过这个逻辑，可知

$$\overline{AB} = -\overline{BA}$$

现在我们可以用更概括的方式重新叙述本章中三个重要的定理.

[①] Isaac Newton (1643 — 1727) 英国物理学家、数学家、自然哲学家.

定理49 (Power of a Point 点到圆的幂). 一条通过点P的直线与圆ω相交于两个不同的点A和B. 则
$$p(P,\omega) = \overline{PA} \cdot \overline{PB}$$

定理50 (Ceva's Theorem 塞瓦定理). 在$\triangle ABC$中，点P、Q、R分别在直线BC、CA、AB上. 则当且仅当
$$\frac{\overline{BP}}{\overline{PC}} \cdot \frac{\overline{CQ}}{\overline{QA}} \cdot \frac{\overline{AR}}{\overline{RB}} = 1$$
时，AP、BQ、CR共点或相互平行.

定理51 (Menelaus' Theorem 梅涅劳斯定理). 在$\triangle ABC$中，点P、Q、R分别在直线BC、CA、AB上. 则当且仅当
$$\frac{\overline{BP}}{\overline{PC}} \cdot \frac{\overline{CQ}}{\overline{QA}} \cdot \frac{\overline{AR}}{\overline{RB}} = -1$$
时，点P、Q、R共线.

证明所有这些定理时，都可以参考其无向线段版本的证明过程. 详细的证明留给读者来完成.

1.5 几何不等式的几个关注点

几何不等式是几何与代数交界的一个区域,本书不会对它深入探索,仅会挑选最重要的几个不等式进行简略地讨论.

三角不等式

毫无疑问,最重要的几何不等式就是著名的三角不等式.

定理52 (Triangle inequality 三角不等式). 在 $\triangle ABC$ 中, $AB + BC > AC$, $BC + CA > BA$, 且 $CA + AB > CB$.

三角不等式是显而易见的,巧妙地使用它有时会得到重要的结论.

例题25. $\triangle ABC$ 内有一点 P. 求证

$$PA + PB + PC < AB + BC + CA$$

证明. 看起来就很容易判断出 $BP + PC < BA + AC$. 事实上,延长 BP 并与 AC 相交于点 Q, 则在 $\triangle PCQ$ 和 $\triangle ABQ$ 中, 应用三角不等式可得

$$BP + PC < BQ + QC < BA + AC$$

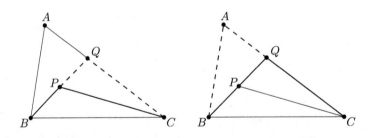

同理可得 $CP + PA < CB + BA$ 和 $AP + PB < AC + CB$. 将三个不等式相加并除以2即可完成证明. □

有代数性质的不等式

在解决不等式中带有三角形元素的题目时,最常见的策略是用独立变量重写不等式.

例题26. 在△ABC中，M、N、P分别为BC、CA、AB的中点，点Q、R、S分别为AM、BN、CP与△ABC的外接圆ω二次相交的交点. 求证

$$\frac{AM}{MQ} + \frac{BN}{NR} + \frac{CP}{PS} \geqslant 9$$

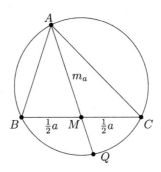

证明. 为了得到MQ的长度，我们想到点到圆的幂，并重写为

$$MQ = (MB \cdot MC)/MA$$

由中线公式（见推论24）可得

$$AM^2 = \frac{1}{2}(b^2 + c^2) - \frac{1}{4}a^2$$

现在，我们把三角形元素都用边长a、b、c表示出来了，接下来进行不等式重写

$$\frac{AM}{MQ} = \frac{AM^2}{MB \cdot MC} = \frac{\frac{1}{2}(b^2+c^2) - \frac{1}{4}a^2}{\left(\frac{1}{2}a\right)^2} = \frac{2(b^2+c^2)}{a^2} - 1$$

另两个部分也可以用相似的方法重写.

整理后可得，只需证明以下不等式成立

$$\frac{b^2}{a^2} + \frac{c^2}{a^2} + \frac{c^2}{b^2} + \frac{a^2}{b^2} + \frac{a^2}{c^2} + \frac{b^2}{c^2} \geqslant 6$$

上式可视为三个$x + 1/x \geqslant 2$之和. 当$x > 0$时，不等式成立，因此结论得证. □

我们已经知道如果a、b、c分别表示一个三角形的三个边长，那么存在三个正数x、y、z，满足

$$a = y + z \quad b = x + z \quad c = x + y$$

这就是命题26中使用的x、y、z. 用x、y、z代替a、b、c的好处在于，前一组数是独立的正数，而后一组需要满足三角不等式.

例题27 (IMO 1991). 求证：对每一个$\triangle ABC$，以下不等式都成立

$$\frac{1}{4} < \frac{IA \cdot IB \cdot IC}{l_A l_B l_C} \leqslant \frac{8}{27}$$

其中，点I为$\triangle ABC$的内心，l_A、l_B、l_C分别为角平分线的长度．

证明． 由推论28可知，内心I分割角平分线的比例，于是不等式可重写为

$$\frac{1}{4} < \frac{b+c}{a+b+c} \cdot \frac{c+a}{a+b+c} \cdot \frac{a+b}{a+b+c} \leqslant \frac{8}{27}$$

第二个不等式可重写为以下形式

$$\sqrt[3]{(b+c)(c+a)(a+b)} \leqslant \frac{2(a+b+c)}{3}$$

这就是$a+b$、$b+c$、$c+a$的均值不等式．

而第一个不等式并非对任意a、b、c都成立（不妨试一下$a=1$、$b=1$、$c=10$），所以需要把它们作为三角形三条边的条件考虑进去．

关键的步骤是把x、y、z代入不等式，这样题目就被化简为一道"枯燥"的代数问题．

设$s = x+y+z = \frac{1}{2}(a+b+c)$，则只需证明

$$2s^3 < (s+x)(s+y)(s+z)$$

将不等式右边展开，得到

$$s^3 + s^2 \underbrace{(x+y+z)}_{=s} + s(xy+yz+zx) + xyz > 2s^3$$

证毕．□

厄多斯—门德尔不等式

作为这部分内容的结尾，我们介绍一个著名的不等式，它由Paul Erdős[1]提出，并由L. J. Mordell[2]首先证明．尽管它的内容很简单，但想证明它远没有那么容易．(自己看吧！)

定理53 (Erdős-Mordell inequality 厄多斯—门德尔不等式)．$\triangle ABC$ 内部有一点P，点X、Y、Z分别是P到BC、CA、AB的垂足．则

$$PA + PB + PC \geqslant 2(PX + PY + PZ)$$

---

[1] Paul Erdős (1913 — 1996) 匈牙利数学家．他毕生联合发表了超过1 500篇文章，可能是20世纪最聪明的人之一．

[2] Louis Joel Mordell (1888 — 1972) 英国数学家，以数论方面开创性的研究而闻名．

证明. 这个证明中的关键步骤是得到不等式

$$PA\sin\angle A \geqslant PY\sin\angle C + PZ\sin\angle B$$

它实际在说，YZ 的长度大于或等于其在 BC 上的投影长度（即 PY 与 PZ 的投影长度之和）.

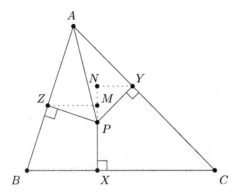

下面我们来证明上面这个不等式.

首先考虑 $AZPY$ 为圆内接四边形，并且 AP 为外接圆的直径.于是，由扩展的正弦定理可得，$YZ = PA\sin\angle A$.

然后，设点 Z、Y 在直线 PX 上的垂足分别为 M、N. 因为 $BZPX$ 为圆内接四边形，所以 $\angle MPZ = \angle B$，则 $ZM = PZ\sin\angle B$.同理，$YN = PY\sin\angle C$.

因为 $YZ \geqslant YN + MZ$，所以

$$PA\sin\angle A \geqslant PY\sin\angle C + PZ\sin\angle B$$

为完成定理的证明，我们用相似的方法写出 XY 和 XZ 对应的不等式，得到

$$PA \geqslant PY \cdot \frac{\sin\angle C}{\sin\angle A} + PZ \cdot \frac{\sin\angle B}{\sin\angle A}$$
$$PB \geqslant PZ \cdot \frac{\sin\angle A}{\sin\angle B} + PX \cdot \frac{\sin\angle C}{\sin\angle B}$$
$$PC \geqslant PX \cdot \frac{\sin\angle B}{\sin\angle C} + PY \cdot \frac{\sin\angle A}{\sin\angle C}$$

接下来的工作就是把三个不等式相加，并考虑对于正数 x，$x + 1/x \geqslant 2$，于是结论得证.

当 $YZ//BC$、$ZX//AC$、$XY//AB$，并且 $\sin\angle A = \sin\angle B = \sin\angle C$ 时，即 $\triangle ABC$ 为正三角形并且 P 是它的中心时，取等号. □

尽管厄多斯—门德尔不等式的威力不是一眼就可以看到的，下面的例题却把它表现得淋漓尽致.

例题28 (IMO 1991). M为$\triangle ABC$内一点. 求证：$\angle MAB$、$\angle MBC$、$\angle MCA$中，至少有一个小于$30°$.

证明. X、Y、Z分别表示M到边BC、CA、AB的垂足.

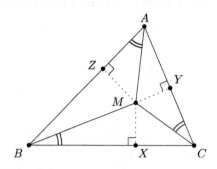

由厄多斯—门德尔不等式可得$MB + MC + MA \geqslant 2(MX + MY + MZ)$，因此以下不等式中至少有一个成立

$$MB \geqslant 2MX, \quad MC \geqslant 2MY, \quad MA \geqslant 2MZ$$

不失一般性，假设$MB \geqslant 2MX$. 则

$$\sin \angle MBC = MX/MB \leqslant \frac{1}{2}$$

即$\angle MBC \leqslant 30°$. $\square$

第 2 章 入门题

1. 找到一个多边形和其内部一点，满足从这一点无法看到多边形任一条完整的边.

2. 在△ABC中，$AB = AC$，K和M为边AB上的两点，L为边AC上一点，且满足$BC = CM = ML = LK = KA$. 求$\angle A$.

3. $ABCD$为矩形. 求满足$AX + BX = CX + DX$的点X的轨迹.

4. 在△ABC中，三条边长度满足$a < b < c$，h_b为以B为顶点的高长. 求证：$h_b < b$.

5. 在正方形$ABCD$中，点E在边AD上，点F在BC上，且满足$BE = EF = FD = 30$. 求正方形$ABCD$的面积.

6. 在△ABC中，$AB = AC$. 分别以AB、AC为底的等腰三角形△ABM、△ACN的顶点都在△ABC的外侧. $MP \perp AB$，$NQ \perp AC$、$AA_0 \perp BC$分别为三个三角形的高线. 求证：这三条高线（或延长线）共点.

7. 正方形$ABED$、$BCGF$、$CAIH$分别为△ABC的三边向外延伸而得. 求证：△AID、△BEF、△CGH 面积相等.

8. 菱形$ABCD$的边长为2，且$\angle B = 120°$. 区域$\mathcal{R}$包含了菱形内所有到顶点B的距离比到其他任一顶点距离短的点. 则$\mathcal{R}$ 的面积是多少？

9. Varignon[①] parallelogram 瓦里尼翁平行四边形

    在四边形$ABCD$中，点K、L、M、N分别为边AB、BC、CD、DA的中点.

    (a) 求证：$KLMN$为平行四边形.

    (b) 若P、Q分别为对角线AC、BD的中点.求证：$PLQN$和$PKQM$均为平行四边形，且具有相同的中心.

10. 一辆公交车从站点S出发，沿直路（无限长）ℓ行驶.在汽车出发的同时，你从平面上一点以相同的速度出发. 为了可以追赶上汽车，请确定出发点的轨迹.

[①]Pierre Varignon (1654 — 1722) 法国数学家.

11. 点P为圆ω内的一个已知点，且与圆心O不重合. 求经过点P的弦的中点的轨迹.

12. 四边形$ABCD$内接于圆ω，点M_a、M_b、M_c、M_d分别为不包含C、D、A和B的弧AB、BC、CD、DA的中点. 求证：$M_aM_c \perp M_bM_d$.

13. 在矩形$ABCD$中，$AB = 9$，$BC = 8$. 点E和点F位于矩形中，且满足$EF // AB$、$BE // DF$、$BE = 4$、$DF = 6$，并且点E比点F距BC更近. 求EF的长度.

14. A、B、C为互异的点，并且按顺序位于同一直线上.圆ω_1的半径为R，并且经过点A和点B；圆ω_2经过点B和点C，并且半径也为R，两个圆的另一个交点为点X. 求当R改变时点X的轨迹.

15. ABC为一个三角形，正$\triangle BCD$、正$\triangle CAE$、正$\triangle ABF$是分别从它的三个边向外伸展的三角形.求证：这些正三角形的外接圆与直线AD、BE、CF经过同一点.

16. 在$\triangle ABC$中，$\angle B$为直角. P为三角形内一点，满足$PA = 10$，$PB = 6$，并且$\angle APB = \angle BPC = \angle CPA$. 求$PC$的长度.

17. 在平行四边形$ABCD$中，$AB > AD$，点P、Q分别为边AB、AD上的已知点，且满足$AP = AQ = x$. 求证：随着x变化，$\triangle PQC$的外接圆一直通过除点C以外的另一个固定点.

18. 在$\triangle ABC$中，中线BB_1与中线CC_1垂直.已知$AC = 19$，$AB = 22$. 求BC的长度.

19. 在直角$\triangle ABC$中，$\angle C$为直角，$CA = 8$，$CB = 6$. $X \in AC$，以CX为直径的半圆与AB相切. 求半圆的半径.

20. 等角六边形中，四个连续边的边长分别为1，7，4和2.求另外两个边的边长.

21. 在$\triangle ABC$中，$\angle A = 60°$，点I为其内心. 直线BI、CI分别与对边相交于点E和F. 求证：$IE = IF$.

22. 在四边形$ABCD$中$BC = 8$，$CD = 12$，$AD = 10$，$\angle A = \angle B = 60°$.求$AB$的长度.

23. $ABCD$为凸四边形. 求到四个顶点距离之和最小的点X.

24. 圆ω_1与ω_2相交于点A和B. 任意经过点B的直线分别与圆ω_1二次相交于圆ω_2外部的点K、与圆ω_2二次相交于圆ω_1外部的点L.

    (a) 求证：全部可能得到的$\triangle AKL$均相似.

    (b) 设与圆ω_1相切于点K的直线和与圆ω_2相切于点L的切线相交于点P. 求证：$KPLA$是圆内接四边形.

25. 在四边形$ABCD$中，$AB//CD$.当$\angle ADB + \angle DBC = 180°$ 时，求证
$$\frac{AB}{CD} = \frac{AD}{BC}$$

26. 在$\triangle ABC$的BC 边上任选一点D. 一直线与$\triangle ABD$的外接圆相切于点D，并与AC相交于点B_1. 类似地，存在点C_1. 求证：$B_1C_1//BC$.

27. Conway's[①] circle 康韦圆

    $\triangle ABC$中，点A_1、A_2分别为与AB、AC反向的射线上的点，满足$AA_1 = AA_2 = BC$. 类似地，存在点B_1、B_2、C_1、C_2.求证：点A_1、A_2、B_1、B_2、C_1、C_2六点共圆.

28. $\triangle ABC$为锐角三角形. 求证：$h_a > \frac{1}{2}(b+c-a)$，其中，h_a为$\triangle ABC$中以A为顶点的高线长.

29. 在$\triangle ABC$中，求点$X(X \neq A)$的轨迹，使得$\triangle AXB$与$\triangle AXC$的面积相等.

30. 四边形$ABCD$的对角线互相垂直，并内接于半径为R的圆.求证
$$AB^2 + BC^2 + CD^2 + DA^2 = 8R^2$$

31. 在梯形$ABCD$ 中，AB与CD平行. $\angle A$、$\angle D$ 的外角平分线相交于点P，$\angle B$、$\angle C$的外角平分线相交于点Q.求证：PQ的长度等于$ABCD$周长的一半.

32. 在$\triangle ABC$中，$11 \cdot AB = 20 \cdot AC$. $\angle A$的角平分线与BC相交于点D，M是AD的中点. P为AC与BM的交点. 求CP/PA.

[①]John Horton Conway (1936 —) 当代英国数学家，因为在趣味数学和数学研究领域取得的众多令人欣喜的发现而得名.

33. 可变线段 BC 的长度为 d，其两个端点分别在固定的射线 AU、AV 上移动. 求证：所有可能的 $\triangle ABC$ 的外接圆都与一个固定的圆相切.

34. 直角 $\triangle ABC$ 中，$\angle A = 90°$，AD 为斜边上的高. r、s、t 分别为 $\triangle ABC$、$\triangle ADB$、$\triangle ADC$ 的内径. 求证：$r + s + t = AD$.

35. 在 $\triangle ABC$ 中，$BC = 125$，$CA = 120$，且 $AB = 117$. $\angle B$ 的角平分线与 CA 相交于点 K，$\angle C$ 的角平分线与 AB 相交于点 L. 点 M 和 N 分别是 A 到 CL、BK 的垂足. 求 MN 的长度.

36. $ABCD$ 与 $A'B'C'D'$ 均为平行四边形，且点 B' 在线段 BC 上，点 D 在 $C'D'$ 上. 求证：两个平行四边形面积相等.

37. 在 $\triangle ABC$ 中，点 F 在 AB 上，满足 $\angle FAC = \angle FCB$，并且 $AF = BC$. 此外，BE 是内角 $\angle B$ 的角平分线，其中 $E \in AC$. 求证：$EF // BC$.

38. 在 $\triangle ABC$ 中，I 为内心. 求证
$$\frac{AI^2}{bc} + \frac{BI^2}{ca} + \frac{CI^2}{ab} = 1$$

39. 在平行四边形 $ABCD$ 中，$\angle BAD > 90°$. 求证：经过点 C 在 AB、BD 和 DA 上的投影的圆，也经过平行四边形的中心.

40. $ABCD$ 为圆内接四边形，点 P 在射线 AD 上，并且满足 $AP = BC$；点 Q 在射线 AB 上，并且满足 $AQ = CD$. 求证：直线 AC 与 PQ 相交于 PQ 的中点.

41. $ABCDE$ 为凸五边形，满足 $AB + CD = BC + DE$，圆 ω 的圆心 O 在边 AE 上，并与边 AB、BC、CD 和 DE 分别相切于点 P、Q、R 和 S. 求证：直线 PS 平行于 AE.

42. P 是锐角 $\triangle ABC$ 内一点，且 $\angle BPC = 180 - \angle A$，点 A_1、B_1、C_1 分别为它关于 BC、CA、AB 的镜射. 求证：点 A、A_1、B_1、C_1 共圆.

43. $\triangle KLM$ 在 $\triangle ABC$ 内，且满足点 K、L、M 分别在线段 CL、AM、BK 上. 求证：$\triangle ABM$、$\triangle BCK$、$\triangle CAL$ 的外接圆都通过同一点.

44. 五角形 $ABCDE$ 内接于圆 ω，且 $BA = BC$. 点 $P = BE \cap AD$，点 $Q = CE \cap BD$. 直线 PQ 与圆 ω 相交于点 X、Y. 求证：$BX = BY$.

45. 在凸五边形$ABCDE$中，所有内角相等.求证：EA的中垂线、BC的中垂线，与$\angle CDE$的角平分线交于一点.

46. 圆ω_1与圆ω_2的一条外公切线与ω_1相切于点A，另一条公切线与ω_2相切于点D. 直线AD分别与ω_1、ω_2二次相交于点B、C. 求证：$AB=CD$.

47. 在$\triangle ABC$中，$AB=13$，$BC=14$，$CA=15$. 点D、E、F分别为BC、CA、AB的中点. 设点X为$\triangle BDF$、$\triangle CDE$的外接圆的交点，且$X\neq D$. 求$XA+XB+XC$.

48. 在四边形$ABCD$中，BC与AD长度相等，AB与CD不平行. 点M、N分别为BC、AD的中点.求证：AB、MN、CD的中垂线经过相同的点.

49. Carnot's[①] Theorem 卡诺定理

    在$\triangle ABC$中，点X、Y、Z分别在边BC、CA、AB上. 求证：当且仅当

    $$BX^2+CY^2+AZ^2=CX^2+AY^2+BZ^2$$

    时，分别经过X、Y、Z且垂直于相应边的直线交于一点.

50. 在五边形$ABCDE$中，$\triangle ABC$、$\triangle BCD$、$\triangle CDE$、$\triangle DEA$和$\triangle EAB$面积都相等. 直线AC、AD分别与BE相交于点M、N. 求证：$BM=EN$.

51. 非直角$\triangle ABC$中，点H是垂心. 点M、N分别在AB、AC上. 求证：以CM、BN为直径的圆的公共弦经过点H.

52. 固定的点A、Z、B依次排列在直线ℓ上，满足$ZA\neq ZB$. 动点$X\notin \ell$，动点Y在线段XZ上. $D=BY\cap AX$，$E=AY\cap BX$. 求证：全部可能的直线DE都经过一个固定的点.

53. 设圆ω_1、圆ω_2的圆心分别为互异的两点O_1、O_2，半径分别为r_1、r_2.

    (a) 求点X的轨迹，使得$p(X,\omega_1)-p(X,\omega_2)$为常数.

    (b) 求点X的轨迹，使得$p(X,\omega_1)+p(X,\omega_2)$为常数.

[①]Lazare Nicolas Marguerite Carnot (1753 — 1823) 数学爱好者，法国大革命时期的法国作战部长.

第 3 章　　提高题

1. 在菱形$ABCD$中，E、F分别为AB、AD上的点，满足$AE = DF$. 设$BC \cap DE = P$，$CD \cap BF = Q$. 求证：点P、A、Q共线.

2. 在平行四边形$ABCD$中，$\triangle ABD$为锐角三角形，并且垂心为H. 经过点H并平行于AB的直线分别与AD、BC相交于点Q、P，经过点H并平行于BC的直线分别与AB、CD相交于点R、S. 求证：点P、Q、R、S共圆.

3. $\triangle ABC$为锐角三角形，D、E分别为边AB、AC上的点，且满足B、C、D、E共圆. 此外，经过D、E、A的圆与边BC相交于两点X和Y. 求证：XY的中点是以A为顶点的高在BC上的垂足.

4. 过点B的一条直线与圆ω相切于点A，将直线段AB绕圆心旋转一定角度形成线段$A'B'$. 求证：直线AA'平分线段BB'.

5. ω_1与ω_2为同心圆，且ω_2在ω_1里边. 从ω_1上的点A作ω_2的切线AB，其中$B \in \omega_2$. 直线AB与ω_1二次相交于点C，D是AB的中点. 另有一条经过A的直线，与ω_2相交于E和F，满足DE、CF的中垂线相交于点M，且M在直线AB上. 求AM/MC.

6. M为$\triangle ABC$内一点，满足

$$AM \cdot BC + BM \cdot AC + CM \cdot AB = 4[ABC]$$

求证：点M是$\triangle ABC$的垂心.

7. 在$\triangle ABC$中，求证：三条连接边线中点与本边高线中点的直线，相交于一点.

8. 在凸四边形$ABCD$中，$\angle ADB = \angle BDC$. 假设AD边上一点E满足等式

$$AE \cdot ED + BE^2 = CD \cdot AE$$

求证：$\angle EBA = \angle DCB$.

9. 在$\triangle ABC$中，$\angle A = 90°$，I为内心，点$D = BI \cap AC$，点$E = CI \cap AB$. 请判断并证明：线段AB、AC、BI、ID、CI、IE的长度是否可能都是整数.

10. ω为一个固定的圆，圆心为O. 点A和B是圆内关于O对称的两个定点. 如果点M和N是相对于AB在同一半平面内、ω上的两个动点，且满足$AM // BN$.求证：$AM \cdot BN$是常数.

   注释. 因为，$AM \cdot AN'$即为点A到圆ω的幂，是一个常数（负数），由此结论得证.

11. 在梯形$ABCD$中，M、N分别为底边AB、CD的中点，连接M、N的线段长为4，且对角线长度分别是$AC = 6$，$BD = 8$.求梯形面积.

12. 在$\triangle ABC$中，AP、BQ、CR为共点的塞瓦线. $\triangle PQR$的外接圆与边BC、CA、AB分别二次相交于点X、Y、Z.求证：AX、BY、CZ共点.

13. 四边形$ABCD$内接于圆ω. 以点B为切点的圆ω的切线与射线DC相交于点K，以点C为切点的圆ω的切线与射线AB相交于点M. 求证：若$BM = BA$且$CK = CD$，则$ABCD$为梯形.

14. 在平行四边形$ABCD$中，点M、N分别为边AB、AD上的点，且满足$\angle MCB = \angle DCN$. P、Q、R、S分别为线段AB、AD、NB、MD的中点. 求证：点P、Q、R、S共圆.

15. 在非等腰梯形$ABCD$中，对角线相交于点P. 设$\triangle BCD$的外接圆与AP二次相交于点A_1. 类似地，存在点B_1、C_1、D_1.求证：$A_1B_1C_1D_1$也是梯形.

16. 圆ω的圆心为O，半径为r，点A不与O重合.求$\triangle ABC$外心的轨迹，使得BC为ω的一条直径.

17. 在四边形$ABCD$中，$\angle ADB + \angle ACB = 90°$，且$\angle DBC + 2\angle DBA = 180°$. 求证
$$(DB + BC)^2 = AD^2 + AC^2$$

18. 在$\triangle ABC$中，$AB = AC$. D为线段BC上一点，且满足$BD < DC$. 点E与B关于AD对称. 求证
$$\frac{AB}{AD} = \frac{CE}{CD - BD}$$

19. 在$\triangle ABC$中，P为BC边上一点. AB、AC的中垂线与线段AP分别相交于点D、E. ω为$\triangle ABC$的外接圆，一条直线与ω相切于点B，经过点D且平行

于 AB 的直线与此切线相交于点 M. 类似地，经过点 E 且平行于 AC 的直线，与以 C 为切点的 ω 的切线相交于点 N. 求证：MN 与圆 ω 相切.

20. 在锐角 $\triangle ABC$ 中，半圆 ω 的圆心在 BC 边上，且分别与 AB、AC 相切于点 F、E. 如果 BE 与 CF 相交于点 X，求证：$AX \perp BC$.

21. 凸四边形 $ABCD$ 内有一点 X. 圆 ω_A 经过点 X 且分别与 AB 和 AD 相切. 类似地，有圆 ω_B、ω_C 和 ω_D. 已知这些圆的半径相等，求证：$ABCD$ 为圆内接四边形.

22. 在 $\triangle ABC$ 中，塞瓦线 AP、BQ、CR 共点. 点 X、Y、Z 分别为线段 QR、RP、PQ 的中点. 求证：直线 AX、BY、CZ 共点.

23. 在 $\triangle ABC$ 中，点 P、Q 分别在边 AB、AC 上，且满足 $AP = AQ$. S、R 为线段 BC 两个不同的点，并且 S 在 B 和 R 之间，$\angle BPS = \angle PRS$，$\angle CQR = \angle QSR$. 求证：点 P、Q、R、S 共圆.

24. 线段 AT 与圆 ω 相切于点 T. 一条平行于 AT 的直线与圆 ω 相交于点 B、C（$AB < AC$）. 直线 AB、AC 分别与圆 ω 二次相交于点 P、Q. 求证：直线 PQ 平分线段 AT.

25. 在圆内接四边形 $ABCD$ 中，对角线 AC、BD 相交于点 P. 设 $ABCD$、$\triangle ABP$、$\triangle BCP$、$\triangle CDP$ 和 $\triangle DAP$ 的外心分别为 O、O_1、O_2、O_3 和 O_4. 求证：OP、O_1O_3、O_2O_4 共点.

26. 在 $\triangle ABC$ 中，$BC = 20$. 三角形的内切圆与中线 AD 的两个交点 E、F 把中线三等分. 求三角形的面积.

27. 正 $\triangle ABC$ 中有一点 P. 设 AP、BP、CP 分别与边 BC、CA、AB 相交于点 A_1、B_1、C_1. 求证

$$A_1B_1 \cdot B_1C_1 \cdot C_1A_1 \geqslant A_1B \cdot B_1C \cdot C_1A$$

28. 点 P 与 Q 关于 $\triangle ABC$ 等角共轭①. 求证：点 P、Q 在 $\triangle ABC$ 边上的全部六个垂足共圆.

29. $\triangle ABC$ 内切圆分别与它的边 BC、CA、AB 相切于点 D、E、F，它的旁切圆分别与对应边相切于点 T、U、V. 求证：$\triangle DEF$ 与 $\triangle TUV$ 面积相等.

---
① 定义及解释见定理46.

30. 点H是锐角$\triangle ABC$的垂心. 圆Γ_A以BC中点为圆心, 经过点H并与边线BC相交于点A_1和A_2. 类似地, 还存在点B_1、B_2、C_1和C_2. 求证: A_1、A_2、B_1、B_2、C_1和C_2六点共圆.

31. A、B为平面内互异的两个点. 求点C的轨迹, 使得在$\triangle ABC$中, 以A为顶点的高与以B为顶点的中线长度相等.

32. 在锐角$\triangle ABC$中, BB_0和CC_0均为三角形的高. P为已知点, 满足直线PB与$\triangle PAC_0$的外接圆相切, 且直线PC与$\triangle PAB_0$的外接圆相切. 求证: AP与BC垂直.

33. $\triangle ABC$内有一点O, 满足$\angle OBA = \angle OAC$, $\angle BAO = \angle OCB$, $\angle BOC = 90°$. 求AC/OC.

34. 在圆内接四边形$ABCD$中, $AB \neq CD$. 菱形$AKDL$和$CMBN$边长相等. 求证: 点K、L、M、N共圆.

35. 在$\triangle ABC$中, 内径为r, 圆ω的半径$a < r$, 并内切于$\angle BAC$. 从B、C分别作圆ω的切线 (非三角形的边线), 两条切线交于点X. 求证: $\triangle BCX$的内切圆与$\triangle ABC$的内切圆相切.

36. $ABCD$为圆内接四边形, 点P、Q、R分别为D到BC、CA、AB的垂足. 求证: 当且仅当$\angle ABC$、$\angle ADC$的角平分线与AC共点时, $PQ = QR$.

37. 四边形$ABCD$外接圆上有一点X. 点E、F、G、H分别为X在AB、BC、CD、DA上的投影. 求证

$$BE \cdot CF \cdot DG \cdot AH = AE \cdot BF \cdot CG \cdot DH$$

38. Newton-Gauss[①] line 牛顿—高斯线

    $ABCD$为凸四边形, 点Q为直线AD、BC的交点, 点R为直线AB、CD的交点. 设X、Y、Z分别为AC、BD、QR的中点. 求证: 点X、Y、Z共线.

39. 在锐角$\triangle ABC$中, A-旁切圆与BC相切于点A_1、B-旁切圆与AC相切于点B_1. 点H_1、H_2分别为$\triangle CAA_1$、$\triangle CBB_1$的垂心. 求证: H_1H_2垂直于$\angle ACB$的角平分线.

40. 圆ω的圆心为O, 与两个内切圆的切点分别为S和T, 且S、T的连线不是直径. 设两个内切圆相交于点M和N, 其中N离ST更近. 求证: 当且仅当点S、N、T共线时, $OM \perp MN$.

[①] Johann Carl Friedrich Gauss (1777 — 1855) 德国数学家、物理学家.

41. 四边形$ABCD$有一内切圆ω，在AB、BC、CD、DA边上的切点分别为K、L、M、N. 求证：直线AC、BD、KM、LN共点.

42. 正交三角形

    $\triangle ABC$和$\triangle A'B'C'$为平面内的两个三角形. 求证：当且仅当A到$B'C'$的垂线、B到$C'A'$的垂线、C到$A'B'$的垂线共点时，A'到BC的垂线、B'到CA的垂线、C'到AB的垂线（垂足分别为X、Y、Z）共点.

43. $\triangle ABC$的三条中位线长分别为m_a、m_b、m_c，外接圆半径为R. 求证
    $$\frac{b^2+c^2}{m_a}+\frac{c^2+a^2}{m_b}+\frac{a^2+b^2}{m_c}\leqslant 12R$$

44. 求证：在锐角$\triangle ABC$中，$r+R\leqslant h$，其中r、R、h分别为内径、外径和最长的高.

45. P为与$\triangle ABC$同平面的点，直线ℓ经过点P. 点A'、B'、C'分别为直线PA、PB、PC关于直线ℓ的镜射与直线BC、AC、AB的交点. 求证：点A'、B'、C'共线.

46. 在不等边$\triangle ABC$中，BC为其中最长边. 点K在射线CA上，且满足$KC=BC$. 类似地，点L在射线BA上且满足$BL=BC$. 求证：KL垂直于OI，其中O、I分别为$\triangle ABC$的外心和内心.

47. D为$\triangle ABC$中BC边上的任意点，$\triangle ABD$、$\triangle ACD$的内切圆的另一条外公切线与AD相交于点E. D可取B和C之间所有可能的点，求证：E的轨迹为圆上的一段弧.

48. 在$\triangle ABC$中，点O为外心，P、Q分别为边CA、AB上一点，K、L、M分别为线段BP、CQ、PQ的中点，圆Γ经过点K、L和M. 假设直线PQ与圆Γ相切. 求证：$OP=OQ$.

49. $\triangle ABC$为非直角三角形. 圆ω经过点B和C，并分别与边AB、AC二次相交于点C'、B'. 求证：BB'、CC'、HH'共点，其中，H和H'分别为$\triangle ABC$和$\triangle AB'C'$的垂心.

50. $\triangle ABC$的外径为R，P为三角形内一点. 求证
    $$\frac{AP}{a^2}+\frac{BP}{b^2}+\frac{CP}{c^2}\geqslant \frac{1}{R}$$

51. 凸五边形$AXYZB$内接于以AB为直径的半圆. 点P、Q、R、S分别是Y在AX、BX、AZ、BZ上的垂足. 求证：直线PQ与RS所成的锐角是$\angle ZOX$的一半，其中O是线段AB的中点.

52. 在$\triangle PAB$和$\triangle PCD$中，$PA = PB$，$PC = PD$. 点P、A、C和B、P、D分别共线并依次排列. 圆ω_1经过点A和点C，圆ω_2经过点B和点D，两圆相交于两点X和Y. O_1、O_2分别为两圆的圆心. 求证：$\triangle PXY$的外心是O_1、O_2连线的中点.

53. 在$\triangle ABC$中，$\angle BCA = 90°$，点D为以C为顶点的高的垂足. X为线段CD上一点，K为线段AX上一点，且满足$BK = BC$. 类似地，L为线段BX上一点，且满足$AL = AC$. M为AL与BK的交点. 求证：$MK = ML$.

第 4 章 入门题的解答

1. 找到一个多边形和其内部一点, 满足从这一点无法看到多边形任一条完整的边.

   解. 在众多可能的解中, 我们提供两个风格相近的答案.

   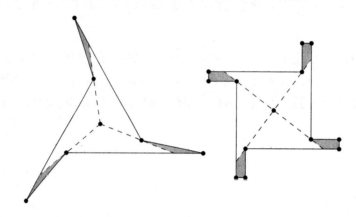

2. 在△ABC中, $AB = AC$, K和M为边AB上的两点, L为边AC上一点, 且满足$BC = CM = ML = LK = KA$. 求$\angle A$.

   解. 设$\angle A$为α.

   本题中唯一的要点就是把相等的长度转化为相等的角度.

   由题干可知△BCM、△CML、△MLK和△LKA都是等腰三角形.

   从△LKA入手, $\angle ALK = \alpha$, 于是外角$\angle MKL = 2\alpha$. 所以等腰△MLK中, $\angle LMK = 2\alpha$.

   因为$\angle MLC$为△ALM的外角, 所以$\angle MLC = 3\alpha$. 最后, $\angle CBA = \angle BMC = 3\alpha + \alpha = 4\alpha$.

   △ABC为等腰三角形, 于是
   $$180° = \angle ACB + \angle BCA + \angle BAC = 4\alpha + 4\alpha + \alpha = 9\alpha$$

   因此, $\alpha = 20°$.

3. $ABCD$为矩形. 求满足$AX + BX = CX + DX$的点X的轨迹.

   解. 作BC与AD共同的中垂线ℓ, 并将它水平放置, 且AB位于ℓ的下方.

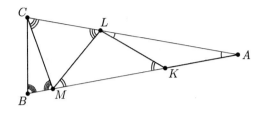

显然X在ℓ上时，$BX = CX$且$AX = DX$，则ℓ满足已知条件．此外，对于在ℓ上方的点X'，$BX' > CX'$且$AX' > DX'$，因此不满足条件．类似地，ℓ下方的点也不满足条件．因此，所求轨迹就是直线ℓ.

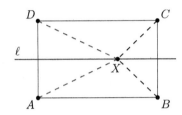 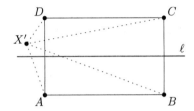

4. 在$\triangle ABC$中，三条边长度满足$a < b < c$，h_b为以B为顶点的高长．求证：$h_b < b$.

   证明． 因为以B为顶点的高是点B到直线AC的最短距离，所以$h_b \leqslant a$. 已知$a < b$，由此可证明结论．

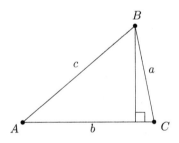

5. [AIME 2011] 在正方形$ABCD$中，点E在边AD上，点F在BC上，且满足$BE = EF = FD = 30$. 求正方形$ABCD$的面积.

   解． 把AB水平放置，过点E、F分别作水平线．

   由斜边直角边判定可知，正方形被划分为六个相互全等的三角形．

   设a为正方形的边长，于是，$AE = \frac{1}{3}a$. 由勾股定理可得
   $$30^2 = BE^2 = a^2 + \left(\frac{1}{3}a\right)^2 = \frac{10}{9}a^2$$

   所以答案为$a^2 = 810$.

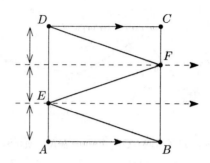

6. 在△ABC中，$AB = AC$. 分别以AB、AC为底的等腰三角形△ABM、△ACN的顶点都在△ABC的外侧. $MP \perp AB$、$NQ \perp AC$、$AA_0 \perp BC$分别为三个三角形的高线. 求证：这三条高线（或延长线）共点.

证明. 在等腰△ABM中，高MP与AB的中垂线重合. 类似地，NQ、AA_0也分别为AC、BC的中垂线. 由于这些高线实际上全部是△ABC中的中垂线，它们相交于它的外心O.

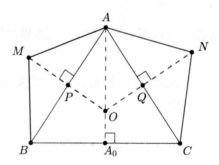

7. 正方形$ABED$、$BCGF$、$CAIH$分别为△ABC的三边向外延伸而得. 求证: △AID、△BEF、△CGH 面积相等.

证明. 首先观察△DAI.

因为$AD = AB$，$AI = AC$，且

$$\angle IAD = 360° - 90° - 90° - \angle BAC = 180° - \angle BAC$$

可得△DAI的面积K_A为

$$K_A = \frac{1}{2}AD \cdot AI \cdot \sin \angle IAD = \frac{1}{2}AB \cdot AC \cdot \sin(180° - \angle BAC)$$
$$= \frac{1}{2}AB \cdot AC \cdot \sin \angle BAC$$

这正是△ABC的面积! 对称地可得，所有三个三角形都与△ABC 有相同的面积，结论得证.

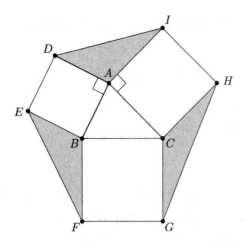

8. [AMC12 2011] 菱形$ABCD$的边长为2，且$\angle B = 120°$. 区域$\mathcal{R}$包含了菱形内所有到顶点B的距离比到其他任一顶点距离短的点.则$\mathcal{R}$ 的面积是多少？

解. 首先，距点X比距点Y近的点的轨迹，是以XY的中垂线为界线的半平面.在本题中，$\mathcal{R}$的界线就是BA、BC和BD 的中垂线.

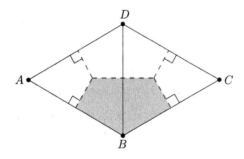

注意到，因为$\angle ABC$与$\angle CDA$相等，且BD为它们的角平分线，于是$\triangle ABD$ 和$\triangle BCD$ 都是正三角形.

观察可知，在$\triangle ABD$中，连接三角形的中心与各边中点可把三角形划分为三个全等的区域，每一个区域恰好都是$\mathcal{R}$的一半. 因此，$\mathcal{R}$由$\triangle ABD$和$\triangle BCD$的各三分之一组成. 通过计算正三角形的面积可得K，即

$$K = \frac{1}{3}([ABD] + [BCD]) = \frac{2}{3}[ABD] = \frac{2}{3} \cdot \frac{\sqrt{3}}{4}BD^2 = \frac{2}{3}\sqrt{3}$$

9. Varignon[①] parallelogram 瓦里尼翁平行四边形

[①]Pierre Varignon (1654 — 1722) 法国数学家.

在四边形$ABCD$中，点K、L、M、N分别为边AB、BC、CD、DA的中点．

(a) 求证：$KLMN$为平行四边形．

(b) 若P、Q分别为对角线AC、BD的中点．求证：$PLQN$和$PKQM$均为平行四边形，且具有相同的中心．

证明．

(a) 本题的关键是意识到KL、NM在某三角形中，即在$\triangle ABC$、$\triangle ADC$中，分别是中位线．因此，$KL // AC // NM$，并且$KL = \frac{1}{2}AC = NM$．这就说明了$KLMN$为平行四边形．

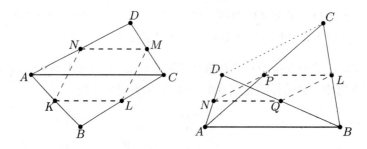

(b) 用相同的思路，线段PL、NQ分别为$\triangle ACB$、$\triangle ADB$的中位线．于是，$PL // AB // NQ$，且$PL = \frac{1}{2}AB = NQ$，则$PLQN$为平行四边形．平行四边形中，对角线互相平分，所以与(a)中一样，其中心就是NL的中点．用相同的方法可以完成四边形$PKQM$的证明．

10. 一辆公交车从站点S出发，沿直路（无限长）ℓ行驶．在汽车出发的同时，你从平面上一点以相同的速度出发．为了可以追赶上汽车，请确定出发点的轨迹．

解法1． 显而易见，如果从S出发，可以赶上公交车．

对其他任何点X，从X追上公交车等价于在射线ℓ上找到一个点，满足到X的距离比到S的距离近（或者相等）．当且仅当XS的中垂线与射线ℓ相交，换句话说，当且仅当射线ℓ与XS的夹角小于$90°$时，人才可能追上车．

假设ℓ为水平线，且汽车向右行驶．于是，用m表示与ℓ垂直于点S的直线，则答案就是："点S，以及直线m右侧半平面上全部的点"．

解法2． 设L为射线ℓ上任一点．则如果恰巧在点L追上公交车，则出发点的轨迹为以L为圆心，LS为半径的圆盘（包含圆的边线）．于是所求的轨迹是

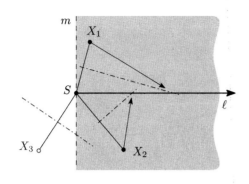
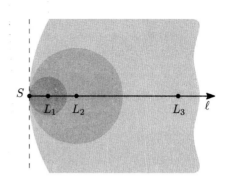

全部满足条件的圆盘的并集，也就是点S，以及与解法1相同的半平面内部所有点.

注释. 进一步，若已知条件改为公交车的速度是你速度的两倍，你能求出这个轨迹么？

11. 点P为圆ω内的一个已知点，且与圆心O不重合. 求经过点P的弦的中点的轨迹.

    解. 首先，经过P与O的弦的中点就是圆心O.

    接下来考虑其他的弦ℓ，用X表示它的中点. 很明确地，因为O为圆心，它到ℓ两端点的距离相等，因此位于ℓ的中垂线上.

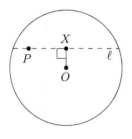

换句话说$OX \perp \ell$. 如果$X \neq P$，这意味着$\angle OXP = 90°$，于是我们得到的是以OP为直径的圆，包含点P. 很容易验证这个圆上的所有点确实是经过点P的弦的中点.

12. 四边形$ABCD$内接于圆ω，点M_a、M_b、M_c、M_d分别为不包含C、D、A和B的弧AB、BC、CD、DA的中点. 求证：$M_aM_c \perp M_bM_d$.

    证明. 我们将圆分为四段弧AB、BC、CD和DA，分别用α、β、γ和δ表示其对应的圆周角. 现在，我们用弦M_aM_c与M_bM_d的圆周角之和来计算它们的夹角（见推论32）.

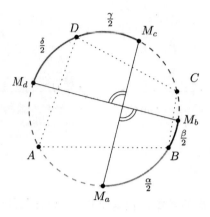

可得
$$\angle(M_aM_c, M_bM_d) = \left(\frac{\alpha}{2} + \frac{\beta}{2}\right) + \left(\frac{\gamma}{2} + \frac{\delta}{2}\right) = 90°$$

这里，我们使用了有向角表示夹角. 证毕.

13. [改编自AIME 2011] 在矩形$ABCD$中，$AB = 9$，$BC = 8$. 点E和点F位于矩形中，且满足$EF//AB$、$BE//DF$、$BE = 4$、$DF = 6$，并且点E比点F距BC更近. 求EF的长度.

解. 作图时把AB作成水平线，并且分别过点E、F作竖直方向的直线. 为了连接线段DF和EB，我们简单地把竖直带从图中切掉.

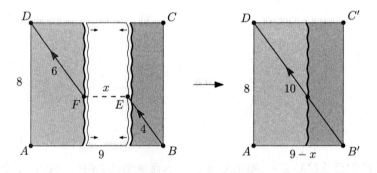

用x表示EF的长度，则在新形成的直角三角形中，由勾股定理可得$(9-x)^2 + 8^2 = 10^2$，或
$$(9-x)^2 = 6^2$$

因为线段EF在矩形$ABCD$内部，所以$x < 9$，则$x = 3$.

14. A、B、C为互异的点，并且按顺序位于同一直线上. 圆ω_1的半径为R，并且经过点A和点B；圆ω_2经过点B和点C，并且半径也为R，两个圆的另一个交点为点X. 求当R改变时点X的轨迹.

解法1. 作公共弦XB. 因为圆ω_1和ω_2全等，因此两个圆中弧XB对应的圆周角相等，换句话说$\angle XAB = \angle XCB$. 所以$\triangle AXC$为等腰三角形，于是X位于AC的中垂线上.

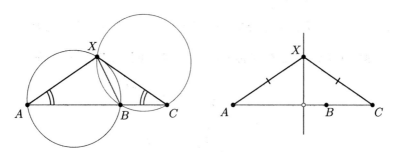

另一方面，由于$\triangle X'BC$和$\triangle X'AB$的外接圆半径相等，只要点X'不是AC的中点，AC中垂线上的点X'都可以满足条件. 因此，轨迹为除AC中点外的AC中垂线.

解法2. 在$\triangle AXB$和$\triangle BXC$中，由扩展的正弦定理，得到

$$\frac{XA}{\sin \angle XBA} = 2R = \frac{XC}{\sin \angle XBC}$$

因为$\angle XBA$和$\angle XBC$互为补角，它们的正弦值相等，因此$XA = XC$.

接下来采用解法1的后续步骤即可完成题目.

15. ABC为一个三角形，正$\triangle BCD$、正$\triangle CAE$、正$\triangle ABF$是分别从它的三个边向外伸展的三角形. 求证：这些正三角形的外接圆与直线AD、BE、CF经过同一点.

证明. 设$\triangle ABF$、$\triangle ACE$的外接圆另一个交点为P.

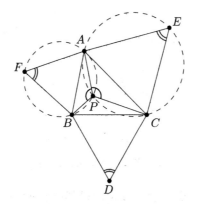

于是，$\angle APB = 180° - \angle AFB = 120°$. 同理，$\angle APC = 120°$，所

以$\angle BPC = 120°$，这意味着B、D、C、P共圆.于是，三个外接圆经过同一点，即点P.

接下来，观察可得

$$\angle FPC = \angle FPB + \angle BPC = \angle FAB + \angle BPC = 60° + 120° = 180°$$

因此，CF经过点P. 对称的，BE和AD也经过P. 结论得证.

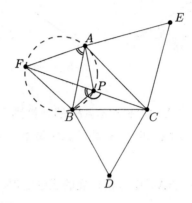

16. [AIME 1989] 在$\triangle ABC$中，$\angle B$为直角. P为三角形内一点，满足$PA = 10$，$PB = 6$，并且$\angle APB = \angle BPC = \angle CPA$. 求$PC$的长度.

    解. 用x表示PC的长度. 注意到，因为以P为顶点的角都是$120°$，所以在$\triangle ABP$、$\triangle BCP$、$\triangle CAP$中，通过余弦定理，可以用x把$\triangle ABC$的三个边长的平方分别表示出来.

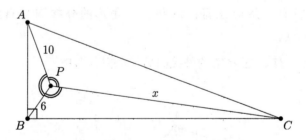

在余弦定理中代入$-2\cos 120° = 1$，得到

$$AB^2 = 10^2 + 6^2 + 10 \cdot 6$$
$$BC^2 = 6^2 + x^2 + 6x$$
$$CA^2 = x^2 + 10^2 + 10x$$

最后，在$\triangle ABC$中，由勾股定理可得关于x的方程.化简后，得到 $6^2 + 10 \cdot 6 + 6^2 = 4x$，即$x = 33$.

17. [All-Russian Olympiad 全俄奥林匹克竞赛2005] 在平行四边形$ABCD$中，$AB > AD$，点P、Q分别为边AB、AD上的已知点，且满足$AP = AQ = x$. 求证：随着x变化，$\triangle PQC$的外接圆一直通过除点C以外的另一个固定点.

证明. 设顶点A的角平分线为ℓ，并将它竖直方向放置.

$\triangle APQ$为等腰三角形，所以PQ为水平方向，且Q为P关于直线ℓ的镜射.

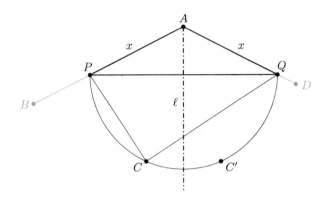

因此，$\triangle CPQ$的整个外接圆关于ℓ对称. 由于圆经过点C，则它也经过C关于ℓ的镜射点C'，并且C'是固定的点. 因为$AB > AD$，所以$C' \neq C$. 结论得证

18. 在$\triangle ABC$中，中线BB_1与中线CC_1垂直. 已知$AC = 19$，$AB = 22$. 求BC的长度.

解法1. 作第三条中线AA_1，三条中线交于重心G.

因为直角$\triangle BCG$中，A_1为斜边的中点，得到$A_1G = A_1B$. 因为中线将彼此分为$2:1$的两部分，于是，$\frac{1}{3}AA_1 = \frac{1}{2}BC$.

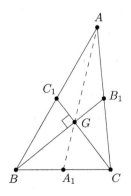

由中线公式（见推论24(a)），将等式两边取平方，得到

$$\frac{1}{9} \cdot \left(\frac{b^2 + c^2}{2} - \frac{a^2}{4}\right) = \frac{1}{4}a^2$$

化简后得到，$b^2 + c^2 = 5a^2$.

代入数字，得到 $5a^2 = 845$，即 $a = 13$.

解法2. 由于重心 G 在中线的三分之一处，于是将中线表示为 $BB_1 = 3y$、$CC_1 = 3z$.

直角 $\triangle BGC_1$ 和 $\triangle CGB_1$ 中，由勾股定理得

$$\left(\frac{c}{2}\right)^2 = 4y^2 + z^2$$

和

$$\left(\frac{b}{2}\right)^2 = y^2 + 4z^2$$

因为我们感兴趣的表达示形式为

$$BC^2 = BG^2 + CG^2 = 4y^2 + 4z^2$$

于是，将两个方程式相加，并乘以 $\frac{4}{5}$，得到 $BC^2 = \frac{1}{5}(b^2 + c^2)$，代入 b 和 c 的值，得到 $BC = 13$.

解法3. 在四边形 BCB_1C_1 中应用垂直的判定（见命题22）

$$a^2 + \left(\frac{a}{2}\right)^2 = \left(\frac{b}{2}\right)^2 + \left(\frac{c}{2}\right)^2$$

再一次，得到 $BC = 13$.

19. 在直角 $\triangle ABC$ 中，$\angle C$ 为直角，$CA = 8$，$CB = 6$. $X \in AC$，以 CX 为直径的半圆与 AB 相切. 求半圆的半径.

解法1. 设半圆圆心为 O、半径为 r、与 AB 的切点为 D.

我们可以用两种方式表示 $\triangle ABC$ 的面积.

一方面，因为 $\angle ACB = 90°$，则 $\triangle ABC$ 的面积为简单的 $\frac{1}{2} AC \cdot BC = 24$. 另一方面，由勾股定理可得，$AB = \sqrt{8^2 + 6^2} = 10$，于是

$$[ABC] = [ABO] + [BCO] = \frac{1}{2} AB \cdot r + \frac{1}{2} BC \cdot r = 8r$$

代入求得的 $\triangle ABC$ 面积值，得到 $r = 3$.

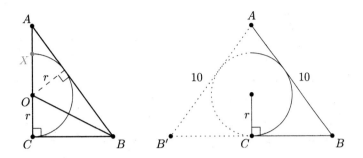

解法2. 用 B' 表示点 B 关于 AC 的镜射,则 $AB' = AB = 10$,$B'B = 2 \cdot CB = 12$,且 r 为 $\triangle AB'B$ 的内径. 由面积公式(见命题25)可得

$$r = \frac{[AB'B]}{\frac{1}{2}(AB' + B'B + BA)} = \frac{\frac{1}{2} \cdot 12 \cdot 8}{\frac{1}{2}(10 + 10 + 12)} = 3$$

20. 等角六边形中,四个连续边的边长分别为1,7,4和2.求另外两个边的边长.

解法1. 由题目可知,全部内角均为120°. 因此,可以用单位边长的正三角形组成三角网格,表示这四个边. 则通过图形即可看出另两个边边长分别为6和5.

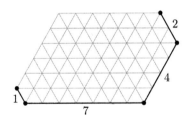

解法2. 一般地,设六边形 $ABCDEF$ 边长分别为 a、b、c、d、e 和 f.

已知前四个边的边长,且全部内角均为120°,则延长边 AF、BC 和 DE,可得到三个小正三角形 $\triangle ABX$、$\triangle CDY$ 和 $\triangle EFZ$.

由于 $\triangle XYZ$ 也是正三角形,得到

$$a + b + c = c + d + e = e + f + a$$

于是,由 $e = a + b - d$ 和 $f = c + d - a$,可以计算出边长 e 和 f.

解法3. 将 BC 置于水平方向.

观察得到,AB、CD、DE 和 FA 都与垂直方向直线 m 成30°角. 于是,这些边向 m 的投影长度与边长成统一的比例.

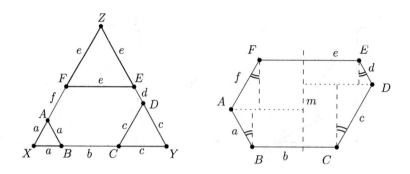

因为点B和C、E和F在m的投影分别重合,得到$a+f=c+d$. 所以,$f=c+d-a=5$.

类似地,旋转图形,可得$e=a+b-d=6$.

21. 在$\triangle ABC$中,$\angle A = 60°$,点I为其内心. 直线BI、CI分别与对边相交于点E和F. 求证:$IE = IF$.

证明. 由命题11可知,$\angle BIC$的值只取决于$\angle A$,得到
$$\angle EIF = \angle BIC = 90° + \frac{1}{2}\angle A = 120°$$

由此,四边形$AFIE$是共圆的.

因为AI是$\angle FAE$的角平分线,所以由例题8,在$\triangle AEF$的外接圆中,点I是弧EF的中点. 于是,$IE = IF$得证.

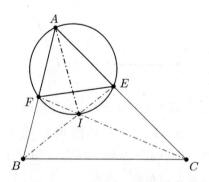

22. [AIME 2005] 在四边形$ABCD$中$BC = 8$,$CD = 12$,$AD = 10$,$\angle A = \angle B = 60°$.求$AB$的长度.

解法1. 设点C、D在AB上的垂足分别为C_0、D_0.

在直角$\triangle CC_0B$中
$$C_0B = BC \cdot \cos 60° = \frac{1}{2}BC = 4, \qquad CC_0 = BC \cdot \cos 30° = 4\sqrt{3}$$

同理，$AD_0 = \frac{1}{2}AD = 5$ 且 $DD_0 = 5\sqrt{3}$.

设P为点C在DD_0的垂足.

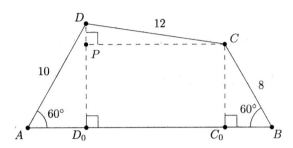

则$DP = DD_0 - CC_0 = \sqrt{3}$.

在$\triangle DPC$中，由勾股定理可得，$PC = \sqrt{12^2 - (\sqrt{3})^2} = \sqrt{141}$.

在矩形D_0C_0CP中，$D_0C_0 = PC$. 因此，$AB = AD_0 + D_0C_0 + C_0B = 9 + \sqrt{141}$.

解法2. 设射线AD与BC相交于点X，则$\triangle ABX$为正三角形，设其边长为x.

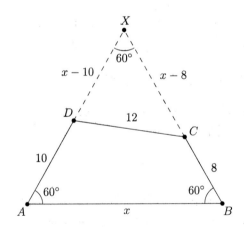

在$\triangle XDC$中，由余弦定理可得

$$12^2 = (x-8)^2 + (x-10)^2 - 2(x-8)(x-10)\cos 60°$$
$$0 = x^2 - 18x - 60$$

解为$9 \pm \sqrt{141}$. 因为AX的边长为正数，所以$AB = 9 + \sqrt{141}$.

23. $ABCD$为凸四边形. 求到四个顶点距离之和最小的点X.

解. 事实上，我们寻找的点是四边形$ABCD$对角线的交点.

在 $\triangle ACX$ 和 $\triangle BDX$（二者有可能是退化的三角形）中，由三角形不等式可得，

$$AX + XC \geqslant AC, \quad BX + XD \geqslant BD$$

因此，$XA + XB + XC + XD \geqslant AC + BD$.

当两个子不等式都取等号时，整个不等式取等号，即 X 为 AC 与 BD 的交点时，取等号.

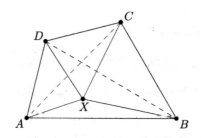

24. 圆 ω_1 与 ω_2 相交于点 A 和 B. 任意经过点 B 的直线分别与圆 ω_1 二次相交于圆 ω_2 外部的点 K、与圆 ω_2 二次相交于圆 ω_1 外部的点 L.

(a) 求证：全部可能得到的 $\triangle AKL$ 均相似.

(b) 设与圆 ω_1 相切于点 K 的直线和与圆 ω_2 相切于点 L 的切线相交于点 P. 求证：$KPLA$ 是圆内接四边形.

证明.

(a) $\angle LKA$ 是弧 AB 在圆 ω_1 上所对的角，所以它的角度值是确定的. 同理，$\angle ALK$ 的值也是确定的. 因此，由角角判定，所有 $\triangle AKL$ 都是相似的.

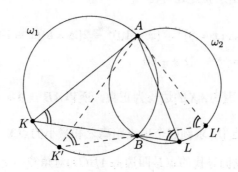

(b) 因为相切，由命题34可得，$\angle PKL = \angle KAB$，并且$\angle KLP = \angle BAL$. 因此，

$$\angle LPK = 180° - \angle PKL - \angle KLP = 180° - \angle KAL$$

则$KPLA$为圆内接四边形.

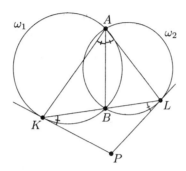

25. 在四边形$ABCD$中，$AB // CD$. 当$\angle ADB + \angle DBC = 180°$时，求证

$$\frac{AB}{CD} = \frac{AD}{BC}$$

证法1. 因为$\angle ADB + \angle DBC = 180°$，所以$\sin \angle ADB = \sin \angle CBD$，由此想到可以应用正弦定理.

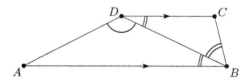

观察可知$\angle ABD = \angle BDC$，于是在$\triangle ABD$和$\triangle DBC$中应用正弦定理，可得

$$\frac{AB}{AD} = \frac{\sin \angle ADB}{\sin \angle ABD} = \frac{\sin \angle CBD}{\sin \angle BDC} = \frac{CD}{BC}$$

证法2. 设BC与AD相交于点E.

于是$\angle EDB = 180° - \angle ADB = \angle DBE$，因此$ED = EB$.

由角角判定，$\triangle EDC$和$\triangle EAB$相似，因此

$$\frac{AB}{CD} = \frac{AE}{DE} = \frac{AE}{BE}$$

88 ■ 106个几何问题：来自AwesomeMath夏季课程

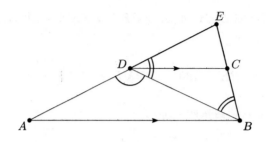

由于$AB//CD$，则
$$\frac{AE}{BE} = \frac{AD}{BC}$$

因此
$$\frac{AB}{CD} = \frac{AD}{BC}$$

26. [Sharygin Geometry Olympiad 沙雷金几何奥林匹克2012] 在$\triangle ABC$的BC边上任选一点D. 一直线与$\triangle ABD$的外接圆相切于点D，并与AC相交于点B_1. 类似地，存在点C_1. 求证：$B_1C_1//BC$.

证明. 为了保持图形整洁，我们选择不画出$\triangle ABD$和$\triangle ACD$的外接圆.

因为已知两个相切关系，由命题34得到，$\angle CBA = \angle B_1DA$，且$\angle ACB = \angle ADC_1$.

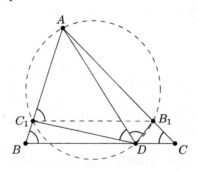

于是，$\angle B_1DC_1 = \angle B + \angle C$，即它为$\angle BAC$的补角，从而得到$AC_1DB_1$为圆内接四边形. 因此
$$\angle B_1C_1A = \angle B_1DA = \angle B$$

于是得到$B_1C_1//BC$.

27. [J. H. Conway] Conway's[①] circle 康韦圆

[①] John Horton Conway (1936 —) 当代英国数学家，因为在趣味数学和数学研究领域取得的众多令人欣喜的发现而得名.

△ABC中，点A_1、A_2分别为与AB、AC反向的射线上的点，满足$AA_1 = AA_2 = BC$. 类似地，存在点B_1、B_2、C_1、C_2. 求证：点A_1、A_2、B_1、B_2、C_1、C_2六点共圆.

证法1. 目标是找到一个点X，满足X到所有六个点距离相等.

到A_1和A_2距离相等的点在A_1A_2的中垂线上，因为△AA_1A_2是等腰三角形，$\angle A$的角平分线就是底边的中垂线. 所以，唯一可以想到的候选X就是△ABC的内心.

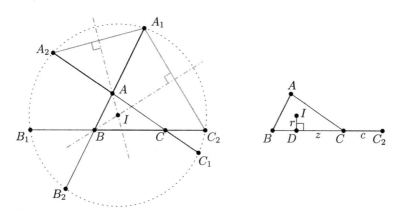

截止到目前，我们有$IA_1 = IA_2$，$IB_1 = IB_2$和$IC_1 = IC_2$. 为了完成证明，只需证明例如$IA_1 = IC_2$，由于对称性，其余相等关系也将成立.

这里同样的事情再次发生！因为$AA_1 = BC$，并且$BA = CC_2$，于是△BA_1C_2为等腰三角形，且$\angle B$的角平分线与A_1C_2的中垂线重合. 因为I在角平分线上，则它到A_1和C_2的距离相等.

结论得证.

解法2. 一旦我们猜到圆心是△ABC的内心I，我们就可以注意到它到这些点（以C_2为例）的距离可以用△ABC的基本元素表达出来.

事实上，如果设内切圆与BC的切点为D，则

$$DC_2 = DC + CC_2 = z + c = s$$

所以$IC_2 = \sqrt{r^2 + s^2}$.

因为这个值对于a、b、c是对称的，结论由此得证.

28. △ABC为锐角三角形. 求证：$h_a > \frac{1}{2}(b+c-a)$，其中，h_a为△ABC中以A为顶点的高线长.

证法1. 设以A为顶点的高垂足为点D，$\triangle ABC$为锐角三角形，所以D在线段BC上。在$\triangle ABD$和$\triangle ACD$中，由三角不等式可得

$$h_a + BD > c, \qquad h_a + DC > b$$

两式相加，得到$2 \cdot h_a + a > b + c$，证毕.

证法2. 再次，设以A为顶点的高垂足为D，内切圆与AB、AC的切点分别为F、E. 由命题15可得，$AE = AF = \frac{1}{2}(b + c - a)$.

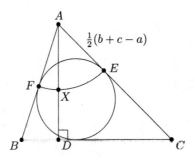

接下来我们将比较AD与AE的长度.

因为$\triangle ABC$为锐角三角形，则以A为顶点的高与以A为圆心、以E和F为端点的劣弧相交，设交点为X.

由于整段EF弧都在$\triangle ABC$内切圆的内部，则X在内切圆里，自然也在线段AD上. 于是

$$\frac{1}{2}(b + c - a) = AE = AX < AD = h_a$$

证毕.

注释. 通常，此结论在钝角三角形中不成立. 如果感兴趣，可以自己举例验证.

注释. 已知$\triangle ABC$为锐角三角形，r为$\triangle ABC$的内径. 你能更进一步证明$h_a > \frac{1}{2}(b + c - a) + r$吗？

29. 在$\triangle ABC$中，求点$X(X \neq A)$的轨迹，使得$\triangle AXB$与$\triangle AXC$的面积相等.

解. 根据X的位置分两种情况讨论.

当直线AX与线段BC相交时，设交点为Y. 由面积定理（见命题27）可得

$$\frac{[AXB]}{[AXC]} = \frac{YB}{YC}$$

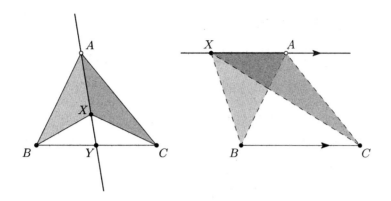

因此，为满足题目要求，Y需要是BC的中点，换句话说，这种情况下，X的轨迹为$\triangle ABC$中以A为顶点的中线所在直线.

另一种情况是，点B和点C位于AX的相同半平面内. 由于$\triangle AXB$和$\triangle AXC$有共同的底边AX，我们需要点B与点C到AX的距离相等，即$BC//AX$. 于是，经过点A的平行于BC的直线也是答案. 以上为完整答案.

30. 四边形$ABCD$的对角线互相垂直，并内接于半径为R的圆.求证

$$AB^2 + BC^2 + CD^2 + DA^2 = 8R^2$$

证明. 设四边形$ABCD$的外接圆中，劣弧AB、BC、CD、DA对应的圆周角分别为α、β、γ、δ.

由扩展的正弦定理，原等式可改写为

$$(2R\sin\alpha)^2 + (2R\sin\beta)^2 + (2R\sin\gamma)^2 + (2R\sin\delta)^2 = 8R^2 \qquad (:4R^2)$$
$$\sin^2\alpha + \sin^2\beta + \sin^2\gamma + \sin^2\delta = 2$$

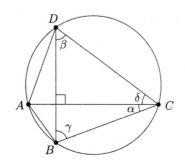

因为四边形$ABCD$的对角线互相垂直，所以

$$\sin\delta = \sin(90° - \beta) = \cos\beta, \qquad \sin\gamma = \sin(90° - \alpha) = \cos\alpha$$

再者，因为$\sin^2(x) + \cos^2(x) = 1$，于是等式得证.

31. [Mexico 墨西哥1999] 在梯形$ABCD$中，AB与CD平行. $\angle A$、$\angle D$ 的外角平分线相交于点P, $\angle B$、$\angle C$的外角平分线相交于点Q. 求证：PQ的长度等于$ABCD$周长的一半.

证法1. 因为点P位于$\angle A$的外角平分线上，因此，它到直线AB、AD的距离相等. 类似地，它到AD、CD的距离也相等，于是它到平行线AB、CD的距离相等.

同理，Q到平行线AB、CD的距离也相等.

所以，如果设AD、BC的中点分别为点M、N，则点P、M、N和Q共线，且$PQ = PM + MN + MQ$.

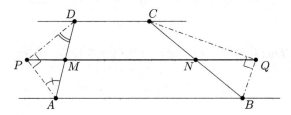

因为$\angle A$与$\angle D$之和为$180°$，则它们外角和的一半为$90°$，于是$\angle APD = 90°$. 因此，M为直角$\triangle ADP$的外心，且$MP = \frac{1}{2}AD$. 同理，$NQ = \frac{1}{2}BC$.

最后，由于MN为梯形$ABCD$的中位线，可得

$$PQ = PM + MN + NQ = \frac{1}{2}AD + \frac{1}{2}(AB + CD) + \frac{1}{2}BC$$

解法2. 由点P为两个角平分线的交点可得，存在一个圆以P为圆心并与AB、AD和CD都相切. 设三个切点分别为T、U、V.

类似地，设以Q为圆心的圆与AB、BC、CD相切的切点分别为X、Y、Z.

则$VTXZ$为矩形，且P、Q分别为对边VT、XZ的中点.

因为切线长相等，所以

$$2 \cdot PQ = TX + VZ = (UA + AB + BY) + (UD + DC + CY)$$
$$= AB + BC + CD + DA$$

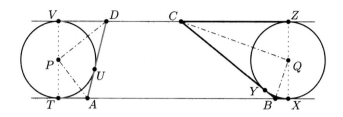

证毕.

32. [AIME 2011] 在 $\triangle ABC$ 中，$11 \cdot AB = 20 \cdot AC$. $\angle A$ 的角平分线与 BC 相交于点 D, M 是 AD 的中点. P 为 AC 与 BM 的交点. 求 CP/PA.

解法1. 首先，由角平分线定理得到

$$\frac{CD}{DB} = \frac{AC}{AB} = \frac{11}{20}$$

将三角形放大为 $[BDM] = 20$. 由面积定理（见命题27），可得 $[CMD] = 11$，$[AMB] = 20$.

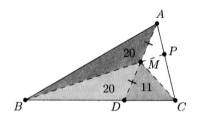

于是，通过面积定理，可得所求比例

$$\frac{CP}{PA} = \frac{[CMB]}{[AMB]} = \frac{31}{20}$$

解法2. 当由解法1中得到 $CD/DB = 11/20$ 后，在 $\triangle ADC$ 和直线 BM 中，由梅涅劳斯定理，可得

$$\frac{AM}{MD} \cdot \frac{DB}{BC} \cdot \frac{CP}{PA} = 1$$

因为 $AM/MD = 1$，于是等式可重写为

$$\frac{CP}{PA} = \frac{BC}{DB} = \frac{CD}{DB} + 1 = \frac{31}{20}$$

33. 可变线段 BC 的长度为 d，其两个端点分别在固定的射线 AU、AV 上移动. 求证：所有可能的 $\triangle ABC$ 的外接圆都与一个固定的圆相切.

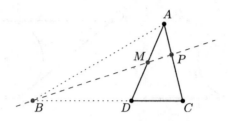

证明. 设△ABC的外径为R, 由正弦定理可得

$$R = \frac{d}{2\sin \angle BAC}$$

故, 对于所有可能的△ABC, 外径相等.

因为所有的外接圆都经过点A, 所以, 它们都与以A为圆心、2R为半径的圆相切, 并且这是一个固定的圆.

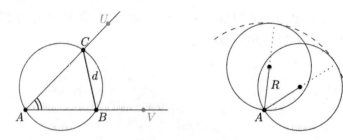

34. 直角△ABC中, $\angle A = 90°$, AD为斜边上的高. r、s、t分别为△ABC、△ADB、△ADC的内径. 求证: $r + s + t = AD$.

证法1. 将等式两边除以AD. 由角角判定, △BAC、△BDA、△ADC两两相似, 我们将利用其中的比例关系:

△BDA中的s/AD, 等于△ABC中的r/AC.

△ADC中的t/AD, 等于△ABC中的r/AB.

于是接下来只需证明

$$\frac{r}{AD} + \frac{r}{AC} + \frac{r}{AB} = 1$$

若用I表示△ABC的内心, 则等式左边等价于

$$\frac{[BIC]}{[ABC]} + \frac{[CIA]}{[ABC]} + \frac{[AIB]}{[ABC]}$$

很明显, 左式等于1.

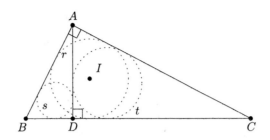

证法2. 在命题16中我们介绍过直角三角形中计算内径的公式，通过三次应用此公式，可得

$$r = \frac{AB + AC - BC}{2}, \quad s = \frac{AD + BD - AB}{2}, \quad t = \frac{AD + CD - AC}{2}$$

三式相加，经过计算即可完成证明.

35. [AIME 2011] 在△ABC中，$BC = 125$，$CA = 120$，且$AB = 117$. $\angle B$的角平分线与CA相交于点K，$\angle C$的角平分线与AB相交于点L. 点M和N分别是A到CL、BK的垂足. 求MN的长度.

解法1. 延长AM、AN并与BC分别相交于点M'、N'.

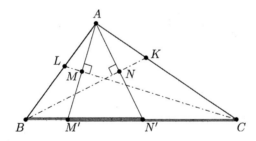

在△ACM'中，以C为顶点的高与角平分线都与CM重合，因此，△ACM'是等腰三角形，于是$CM' = CA = 120$，$AM' = 2 \cdot AM$.

同理可得，$BN' = AB = 117$，$AN' = 2 \cdot AN$. 因此，MN为△$AM'N'$的中位线，且$M'N' = 2 \cdot MN$.

由$M'N' = BN' + M'C - BC$可得，$MN = \frac{1}{2}(117 + 120 - 125) = 56$.

解法2. 设I为△ABC的内心，观察可得$I = BK \cap CL$. 由命题11可得，$\angle BIC = 90° + \frac{1}{2}\angle A$.

$MINA$内接于以AI为直径的圆，于是，在△MIN中，由扩展的正弦定理可得

$$MN = AI \sin\left(90° + \frac{1}{2}\angle A\right) = AI \cos\frac{1}{2}\angle A$$

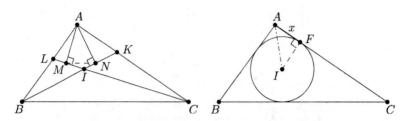

为了应用表达式的等号右侧，我们单独画一个图，用F表示$\triangle ABC$内切圆与AC的切点. 于是，在直角$\triangle AIF$中，$AF = AI\cos\frac{1}{2}\angle A$.

于是，由命题15(a)，$MN = AF = x = \frac{1}{2}(b+c-a) = 56$.

36. $ABCD$与$AB'C'D'$均为平行四边形，且点B'在线段BC上，点D在$C'D'$上. 求证：两个平行四边形面积相等.

    证法1. 关注$\triangle AB'D$，它与平行四边形$ABCD$共享底边AD和对应的高，因此$[AB'D] = \frac{1}{2}[ABCD]$. 类似地，它与$AB'C'D'$共享底边$AB'$和对应的高，因此$[AB'D] = \frac{1}{2}[AB'C'D']$. 证毕.

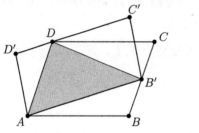 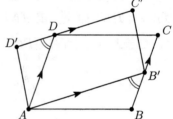

证法2. 我们采用更偏重计算的解法.

期望证明的相等关系可表示为
$$AB \cdot AD \cdot \sin\angle BAD = AD' \cdot AB' \cdot \sin\angle B'AD'$$
应用平行线关系，等式改写为
$$\frac{AB}{AB'} \cdot \sin\angle B'BA = \frac{AD'}{AD} \cdot \sin\angle AD'D$$
在$\triangle ABB'$中，由正弦定理，等式左边等于$\sin\angle AB'B$. 在$\triangle ADD'$中，由正弦定理，等式右边等于$\sin\angle D'DA$.

因为$BC // AD$，并且$AB' // C'D'$，$\angle D'DA = \angle D'DA$，于是等式成立，证明完成.

37. [St. Petersburg Math Olympiad 圣彼得堡数学奥林匹克竞赛1994] 在$\triangle ABC$中，点F在AB上，满足$\angle FAC = \angle FCB$，并且$AF = BC$. 此外，BE是内角$\angle B$的角平分线，其中$E \in AC$. 求证：$EF // BC$.

证明. 将BC水平放置有助于看清,事实上,我们只需证明点E、F以相同的比例分别把AC、AB划分为两部分,然后由$\triangle ABC$相似于$\triangle AFE$即可完成证明.

考虑到,由角平分定理可得,$CE/EA = BC/BA$,因此只需证明
$$\frac{BF}{FA} = \frac{BC}{BA}.$$

我们可以暂时忘掉线段BE.

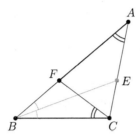

现在代入已知条件$AF = BC$,所需等式被转化为$BF \cdot BA = BC^2$.

因为$\angle FAC = \angle FCB$,由命题34可得,BC为$\triangle AFC$外接圆的切线,所以,由点到圆的幂可得,等式成立.

38. 在$\triangle ABC$中,I为内心. 求证
$$\frac{AI^2}{bc} + \frac{BI^2}{ca} + \frac{CI^2}{ab} = 1.$$

证法1. 设点D、E、F分别为$\triangle ABC$的内切圆与BC、CA、AB的切点.

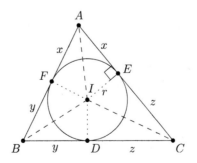

在$\triangle IEA$中,$IA^2 = r^2 + x^2$,其中,由命题26知,内径r可表示为
$$r^2 = \frac{xyz}{x+y+z}$$

于是，我们可以把期望得到的等式只用x、y和z表示出来，这从根本上解决了问题.

$$\frac{AI^2}{bc} = \frac{\frac{xyz}{x+y+z}+x^2}{(x+y)(x+z)} = \frac{x(x^2+xy+xz+yz)}{(x+y+z)(x+y)(x+z)} = \frac{x}{x+y+z}$$

同理可得BI与CI的长度，并由此完成证明.

证法2. 为了使分母中的乘积有实际意义，我们对第一个分式进行以下重写

$$\frac{AI^2}{bc} = \frac{\frac{1}{2} \cdot AI^2 \sin \angle A}{\frac{1}{2}bc\sin \angle A} = \frac{\frac{1}{2}AI \cdot (AI\sin \angle A)}{[ABC]}$$

如证法1所示，设D、E、F分别为$\triangle ABC$内切圆与BC、CA、AB的切点.

因为点E和F都在以AI为直径的圆上，由扩展的正弦定理可得

$$AI\sin \angle A = EF$$

由于E与F关于AI对称，于是线段EF与AI垂直，因此

$$\frac{\frac{1}{2}AI \cdot (AI\sin \angle A)}{[ABC]} = \frac{\frac{1}{2}AI \cdot EF}{[ABC]} = \frac{[AEIF]}{[ABC]}$$

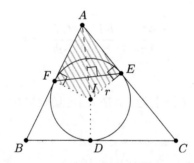

同理可得

$$\frac{BI^2}{ac} = \frac{[BFID]}{[ABC]}, \quad \frac{CI^2}{ab} = \frac{[CDIE]}{[ABC]}$$

由此可完成证明.

证法3. 等式左边可用三角形的边表示.

由推论24的角平分线长公式及推论28的角平分线被内心I分割的比例，得到

$$AI^2 = \left(\frac{b+c}{a+b+c}\right)^2 \cdot bc \cdot \left(1-\left(\frac{a}{b+c}\right)^2\right)$$

经过化简，得到

$$\frac{AI^2}{bc} = \frac{(b+c-a)(a+b+c)}{(a+b+c)^2} = \frac{b+c-a}{a+b+c}$$

再一次，用相同的方法可以得到BI与CI的长度，并由此完成证明．

注释． 这个题目有以下的推广，用证法2中的思路可以完成证明．如果点P与Q关于$\triangle ABC$等角共轭，且位于三角形内部，则

$$\frac{AP \cdot AQ}{bc} + \frac{BP \cdot BQ}{ca} + \frac{CP \cdot CQ}{ab} = 1$$

39. 在平行四边形$ABCD$中，$\angle BAD > 90°$．求证：经过点C在AB、BD和DA上的投影的圆，也经过平行四边形的中心．

    证明． 分别用P、Q、R表示点C在AB、BD、DA上的垂足.

    因为$\angle CPB = \angle CQB = 90°$，则点$C$、$Q$、$P$和$B$共圆．同理，点$C$、$Q$、$R$和$D$共圆．为便于作标识，在$CQ$延长线上$Q$后面的取一点$X$．使用追角法可得

    $$\angle PQR = \angle PQX + \angle XQR = \angle CBA + \angle CDA = 2 \cdot \angle CBA$$

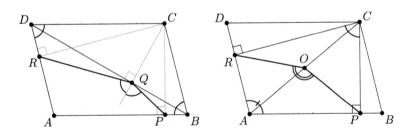

下一步，设O为平行四边形的中心，为了求$\angle POR$，我们抹掉点Q.

因为$\angle APC = \angle ARC = 90°$，则点$A$、$P$、$C$、$R$共圆，且$AC$为圆的直径，于是$O$为圆心．因此

$$\angle POR = 2 \cdot \angle PCR = 2 \cdot (180° - \angle DAB) = 2 \cdot \angle CBA$$

证毕.

40. $ABCD$为圆内接四边形，点P在射线AD上，并且满足$AP = BC$；点Q在射线AB上，并且满足$AQ = CD$．求证：直线AC与PQ相交于PQ的中点．

证法1. 正弦定理应该是首选思路.

设AC与PQ的交点为X,于是在$\triangle PAQ$中,由比例引理(见命题18)可得

$$\frac{PX}{XQ} = \frac{AP}{AQ} \cdot \frac{\sin \angle PAX}{\sin \angle XAQ}$$

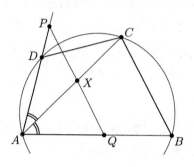

用R表示$ABCD$的外接圆半径,由扩展的正弦定理可得$\sin \angle PAX = \sin \angle DAC = CD/2R = AQ/2R$.

同理,$\sin \angle XAQ = AP/2R$.

将以上两式代入等式可得,等号右侧化简为1,因此,$PX = XQ$.

证法2. (由Richard Stong提供) 设P'为直线AD上另一点,满足$AP' = AP = BC$.

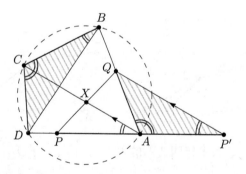

于是在圆内接四边形$ABCD$中,$\angle QAP' = \angle BCD$. 则由边角边判定,$\triangle QAP'$与$\triangle DCB$全等. 所以$\angle QP'A = \angle DBC = \angle DAC$,于是$P'Q$平行于$AC$.

在$\triangle PP'Q$中,A为PP'的中点,并且AC平行于$P'Q$,所以AC是中位线,则$X = AC \cap PQ$是PQ的中点.

41. [Junior Balkan 少年巴尔干数学奥林匹克竞赛2009] $ABCDE$为凸五边形,

满足$AB + CD = BC + DE$，圆ω的圆心O在边AE上，并与边AB、BC、CD和DE分别相切于点P、Q、R和S. 求证：直线PS平行于AE.

证明. 首先，可以通过切线长相等把已知条件转换为更适于应用的形式，得到

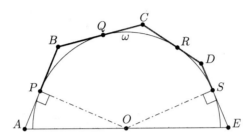

$$AB + CD = AP + PB + CR + RD$$
$$BC + DE = BQ + QC + DS + SE = PB + CR + RD + SE$$

经过比较可知，$AP = SE$.

于是由边角边判定，直角三角形$\triangle AOP$和$\triangle EOS$全等，所以它们斜边上的高相等，即P与S到直线AE的距离相等，且在直线AE同侧. 因此，$PS // AE$.

42. P是锐角$\triangle ABC$内一点，且$\angle BPC = 180 - \angle A$，点$A_1$、$B_1$、$C_1$分别为它关于$BC$、$CA$、$AB$的镜射. 求证：点$A$、$A_1$、$B_1$、$C_1$共圆.

证明. 采用追角法.

首先，观察可得

$$\angle C_1 AB_1 = \angle C_1 AP + \angle PAB_1 = 2 \cdot (\angle BAP + \angle PAC) = 2\angle A$$

同理

$$\angle A_1 BC_1 = 2\angle B, \qquad \angle B_1 CA_1 = 2\angle C$$

并且

$$BA_1 = BP = BC_1, \qquad CA_1 = CP = CB_1$$

因为我们希望得到的只是$\angle B_1 A_1 C_1$，并且已经知道$\angle CA_1 B = \angle BPC = 180° - \angle A$，所以如果把点$P$和$A$从图中抹掉并不会丢失有用的信息.

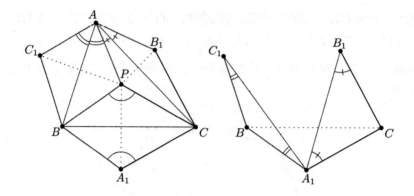

现在可以清晰地看出，$\triangle A_1BC_1$ 和 $\triangle B_1CA_1$ 都是等腰三角形，于是

$$\angle C_1A_1B = 90° - \angle B, \qquad \angle CA_1B_1 = 90° - \angle C$$

这时很轻松就能得到最终的结论

$$\angle B_1A_1C_1 = (180° - \angle A) - (90° - \angle B) - (90° - \angle C) = 180° - 2\angle A$$

于是A、A_1、B_1、C_1共圆.

43. $\triangle KLM$在$\triangle ABC$内，且满足点K、L、M分别在线段CL、AM、BK上. 求证：$\triangle ABM$、$\triangle BCK$、$\triangle CAL$的外接圆都通过同一点.

证法1. 设X为$\triangle ABM$的外接圆与$\triangle BCK$的外接圆的另一个交点. 我们关注$\triangle KLM$的外角，并且谨记外角和是360°.

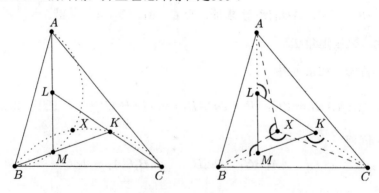

因为$ABMX$和$BCKX$都是圆内接四边形，所以

$$\angle BKC = \angle BXC, \qquad \angle AMB = \angle AXB$$

因此
$$\angle CXA = 360° - \angle BXC - \angle AXB$$
$$= 360° - \angle BKC - \angle AMB = \angle CLA$$

所以$CALX$是圆内接四边形，由此可证明三个圆都通过点X.

证法2. 同样地，设X为$\triangle ABM$的外接圆与$\triangle BCK$的外接圆的另一个交点.

通过圆内接四边形$ABMX$和$BCKX$，得到以下等式

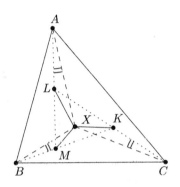

$$\angle LCX \equiv \angle KCX = \angle KBX \equiv \angle MBX = \angle MAX \equiv \angle LAX$$

由此可知$CALX$是圆内接四边形，即三个圆都通过点X.

注释. 你是否发现了这其实只是带着伪装的密克定理（定理33）呢？

44. 五角形$ABCDE$内接于圆ω，且$BA = BC$. 点$P = BE \cap AD$，点$Q = CE \cap BD$. 直线PQ与圆ω相交于点X、Y. 求证：$BX = BY$.

证明. 我们假设点B是圆ω的最低点. 由$BA = BC$，得到直线AC是水平的. 接下来如果要证明$BX = BY$，可从证明XY也是水平的入手. 因此，只需证明$PQ // AC$，这里我们把点X和Y转化成P和Q.

因为$\angle ADB$和$\angle BEC$对应相等的弧，所以它们相等，由此$PQDE$是圆内接四边形.于是关注直线CE形成的角，可得

$$\angle EQP = \angle EDP \equiv \angle EDA = \angle ECA$$

由此可完成证明.

45. [Poland 波兰2010] 在凸五边形$ABCDE$中，所有内角相等.求证：EA的中垂线、BC的中垂线，与$\angle CDE$的角平分线交于一点.

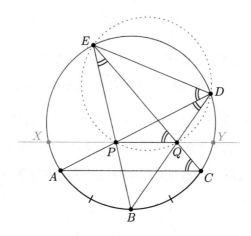

证明. 本题的诀窍是延长AB并分别与CD、DE相交于点X、Y. 于是$\triangle BCX$ 和$\triangle AEY$都是等腰三角形，EA的中垂线就是$\angle DYX$的角平分线.

同理，BC的中垂线就是$\angle YXD$的角平分线.

由此，三条直线相交于$\triangle YXD$的内心.

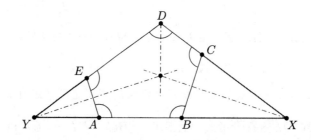

46. [Moscow Math Olympiad 莫斯科数学奥林匹克竞赛1970] 圆ω_1 与圆ω_2 的一条外公切线与ω_1 相切于点A，另一条公切线与ω_2 相切于点D. 直线AD 分别与ω_1、ω_2 二次相交于点B、C. 求证：$AB = CD$.

设第一条切线与圆ω_2相切于点F，第二条切线与圆ω_1相切于点E. 我们提供两个证明方法.

证法1. 由于对称，$ED = AF$，并且由点到圆的幂可得

$$AC \cdot AD = p(A, \omega_2) = AF^2 = ED^2 = p(D, \omega_1) = BD \cdot AD$$

两边消除AD，得到$AC = BD$. 所以$AB = CD$.

证法2. 设AD的中点为P.

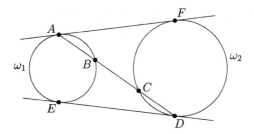

因为当 $PA \cdot PB = PC \cdot PD$ 且 $PA = PD$ 时，我们很容易得到 $PB = PC$ 和 $AB = CD$，所以，如果可以证明点 P 在 ω_1 与 ω_2 的根轴上，我们就完成了证明.

设 AF、DE 的中点分别为 M、N，则由 $MA^2 = MF^2$ 和 $NE^2 = ND^2$ 可知，M 和 N 都位于根轴上，接下来只需证明点 M、N、P 共线. 由于这三点都在梯形 $AEDF$ 中位线上，结论得证.

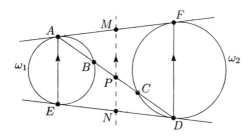

47. [AMC12 2011] 在 $\triangle ABC$ 中，$AB = 13$，$BC = 14$，$CA = 15$. 点 D、E、F 分别为 BC、CA、AB 的中点. 设点 X 为 $\triangle BDF$、$\triangle CDE$ 的外接圆的交点，且 $X \neq D$. 求 $XA + XB + XC$.

解. 我们将证明 X 事实上是 $\triangle ABC$ 的外心.

首先，由边边边判定可得，$\triangle BDF$ 和 $\triangle DCE$ 全等，因此，它们的外接圆半径相等.

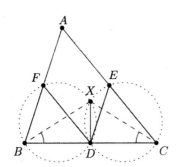 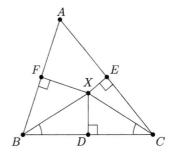

因此，弦XD在两个圆中对应的圆周角相等，即$\angle DBX = \angle XCD$. 于是$\triangle BCX$为等腰三角形，进而，中线XD也为底边BC的中垂线.

因此，XB和XC分别为相应圆的直径，于是$\angle BFX = 90°$，$\angle XEC = 90°$. 所以，DX、EX、FX都是$\triangle ABC$中的中垂线，而它们的交点X实际上是$\triangle ABC$的外心.

用R表示$\triangle ABC$的外径，我们所求的是$3R$. 由命题26，使用xyz公式表达R

$$R = \frac{(x+y)(y+z)(z+x)}{4\sqrt{xyz(x+y+z)}}$$

代入$x = 7$，$y = 6$和$z = 8$，可得$3R = 195/8$.

48. 在四边形$ABCD$中，BC与AD长度相等，AB与CD不平行. 点M、N分别为BC、AD的中点. 求证：AB、MN、CD的中垂线经过相同的点.

    证明. 在以下简短的证明过程中蕴含着两个重要的思想. 其一是中垂线即为等距点的轨迹，其二是当目标是证明三线共点时，从两线相交入手.

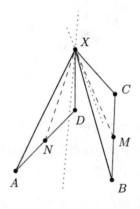

设点X为AB、CD的中垂线交点，并且由此记住$XA = XB$且$XC = XD$，而甚至不需画出中垂线.

由边边边判定，$\triangle XBC$和$\triangle XAD$全等. 于是，对应的中线XM与XN相等，换句话说，X也在MN的中垂线上.

49. Carnot's[①] Theorem 卡诺定理

    在$\triangle ABC$中，点X、Y、Z分别在边BC、CA、AB上. 求证：当且仅当

    $$BX^2 + CY^2 + AZ^2 = CX^2 + AY^2 + BZ^2$$

[①]Lazare Nicolas Marguerite Carnot (1753 — 1823) 数学爱好者，法国大革命时期的法国作战部长.

时，分别经过X、Y、Z且垂直于相应边的直线交于一点.

证明. 首先，假设垂线相交于点P.

由垂直判定（见命题22），对于$PX \perp BC$，可知

$$BP^2 - PC^2 = BX^2 - CX^2$$

类似地，还有

$$CP^2 - PA^2 = CY^2 - AY^2, \qquad AP^2 - PB^2 = AZ^2 - BZ^2$$

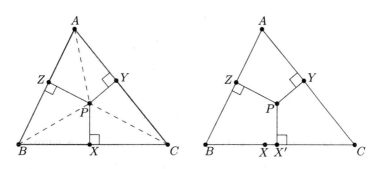

将以上三式相加，即可得到

$$BX^2 + CY^2 + AZ^2 = CX^2 + AY^2 + BZ^2$$

反之，假设对于三角形边上的点X、Y、Z，等式成立.

设经过点Y且垂直于AC的直线与经过点Z且垂直于AB的直线相交于点P，P在BC上的投影是X'.

对于X'、Y和Z，应用已经完成证明的结论，可得

$$BX'^2 + CY^2 + AZ^2 = CX'^2 + AY^2 + BZ^2$$

与已知条件比较，得到

$$BX'^2 - CX'^2 = BX^2 - CX^2$$

因为，若$BX < BX'$，则$CX > CX'$，于是等式左边大于右边，等式不成立；$BX > BX'$的情况也可通过相同方法排除，于是，等式只可能发生在$X = X'$的情况下.

结论得证.

50. [South Africa 南非2003] 在五边形$ABCDE$中，$\triangle ABC$、$\triangle BCD$、$\triangle CDE$、$\triangle DEA$和$\triangle EAB$ 面积都相等. 直线AC、AD分别与BE相交于点M、N. 求证：$BM = EN$.

证明. 因为$[BCD] = [CDE]$，并且两个三角形有公共底边CD，所以底边对应的高相等，换句话说，$BE // CD$.

同理可得，$CA // DE$，$BC // AD$.

于是，由角角判定，$\triangle CMB$与$\triangle DEN$ 相似.

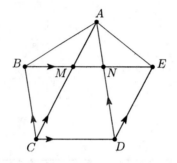

此外，由于$BE // CD$，则这两个三角形中分别以C、D为顶点的高也相等，所以这两个三角形全等. 由此可完成证明.

51. 非直角$\triangle ABC$ 中，点H是垂心. 点M、N分别在AB、AC上. 求证：以CM、BN 为直径的圆的公共弦经过点H.

证明. 设点B_0、C_0分别是以B、C为顶点的高线的垂足，于是，C_0 在以CM为直径的圆上，同理，B_0在以BN为直径的圆上.

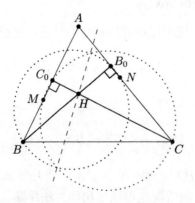

因为BCB_0C_0为圆内接四边形（内接于以BC为直径的圆），于是由命题43的根引理可得，点H 位于两圆的根轴上.

52. 固定的点 A、Z、B 依次排列在直线 ℓ 上, 满足 $ZA \neq ZB$. 动点 $X \notin \ell$, 动点 Y 在线段 XZ 上. $D = BY \cap AX$, $E = AY \cap BX$. 求证: 全部可能的直线 DE 都经过一个固定的点.

    证明. 我们将证明所有可能的直线 DE 都与直线 AB 相交于同一点.

    因为 $ZA \neq ZB$, 由例题 20 可知, AB 与 DE 不平行, 于是设二者交点为 T, 接下来计算 AT/TB.

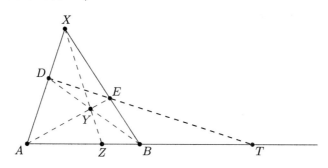

    这里, 正确的方法是比较形式相近的塞瓦定理和梅涅劳斯定理.

    在 $\triangle ABX$ 中, 对经过点 Y 的塞瓦线应用塞瓦定理, 对共线的点 D、E、T 应用梅涅劳斯定理, 分别得到

$$\frac{AZ}{ZB} \cdot \frac{BE}{EX} \cdot \frac{XD}{DA} = 1$$

    和

$$\frac{AT}{TB} \cdot \frac{BE}{EX} \cdot \frac{XD}{DA} = 1$$

    比较两式可得

$$\frac{AZ}{ZB} = \frac{AT}{TB}$$

    于是 AT/TB 与 X、Y 无关, 并且因为 T 在线段 AB 外, 这个比例确定了唯一的 T. 所以所有 DE 都经过 T.

53. 设圆 ω_1、圆 ω_2 的圆心分别为互异的两点 O_1、O_2, 半径分别为 r_1、r_2.

    (a) 求点 X 的轨迹, 使得 $p(X, \omega_1) - p(X, \omega_2)$ 为常数.

    (b) 求点 X 的轨迹, 使得 $p(X, \omega_1) + p(X, \omega_2)$ 为常数.

    解.

    (a) 假设有两个点 X 与 Y, 满足

$$p(X, \omega_1) - p(X, \omega_2) = p(Y, \omega_1) - p(Y, \omega_2)$$

由点到圆的幂的定义可知，$p(X, \omega_1) = O_1X^2 - r_1^2$．类似地，对其余三项进行重写．经过简化，得到

$$O_1X^2 - O_2X^2 = O_1Y^2 - O_2Y^2$$

因此，由命题22可知，$XY \perp O_1O_2$．换句话说，我们发现所求的点一定落在与O_1O_2垂直的直线上．将以上计算过程反向进行，可知所有这样的点都满足条件．

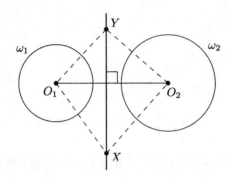

(b) 我们依旧应用点到圆的幂的定义.

$$p(X, \omega_1) + p(X, \omega_2) = XO_1^2 - r_1^2 + XO_2^2 - r_2^2$$

因此，需要$XO_1^2 + XO_2^2$为常数．

接下来的技巧在于观察O_1O_2的中点M．

由中线公式（见命题24）可得

$$XM^2 = \frac{1}{2}(XO_1^2 + XO_2^2) - \frac{1}{4}O_1O_2^2$$

于是所求轨迹上的点X使XM为常数，换句话说，它是以M为圆心的圆．

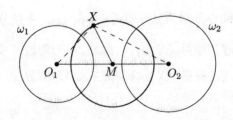

$\triangle XO_1O_2$退化为一条直线的情况，可用相同的方法求解．

综合两种情况得到的轨迹是：以M为圆心的完整的圆．

第 5 章 提高题的解答

1. [Romania 罗马尼亚2004] 在菱形$ABCD$中，E、F分别为AB、AD上的点，满足$AE=DF$. 设$BC\cap DE=P$，$CD\cap BF=Q$. 求证：点P、A、Q共线.

   证明. 因为已知条件中有成对出现的平行线以及长度相等的线段，所以应该考虑把比例作为解题的线索.

   考虑$PB//AD$和$BA//DQ$. 如果可以证明$\triangle PBA$与$\triangle ADQ$相似，则边PA与对应边AQ也互相平行，因此点P、A、Q共线. 为了达到这个目的，只需证明$PB/AD=BA/DQ$然后通过边角边判定证明相似性.

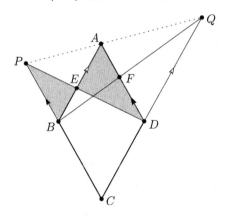

   这一点很好实现.由角角判定可知$\triangle EPB \backsim \triangle EDA$，和$\triangle FQD \backsim \triangle FBA$，于是
   $$\frac{PB}{AD}=\frac{BE}{EA}=\frac{AF}{FD}=\frac{BA}{DQ}$$

   证毕.

2. [Switzerland 瑞士2011] 在平行四边形$ABCD$中，$\triangle ABD$为锐角三角形，并且垂心为H. 经过点H并平行于AB的直线分别与AD、BC相交于点Q、P，经过点H并平行于BC的直线分别与AB、CD相交于点R、S. 求证：点P、Q、R、S共圆.

   证明. 首先我们设DD_0、BB_0为两条高，则垂心H为他们的交点，此外，为保持图形简洁，我们不画出对角线BD.

   我们的目标是通过比例来证明共圆，即由点到圆的幂，只需证明
   $$HQ\cdot HP=HS\cdot HR$$

112 ■ 106个几何问题：来自AwesomeMath夏季课程

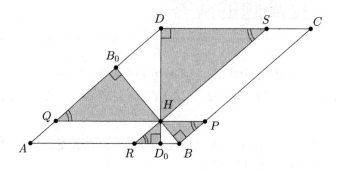

由于 $\angle BB_0D = 90° = \angle DD_0B$，故 DB_0D_0B 是圆内接四边形. 于是，由点到圆的幂，可得

$$HB \cdot HB_0 = HD \cdot HD_0 \qquad (\star)$$

现在我们将寻找一些相似三角形，以便把以上两个类似的等式关系关联起来.

事实上由平行关系可得

$$\angle BRH = \angle HPB = \angle DSH = \angle HQB_0$$

于是，由角角判定，四个直角三角形 $\triangle DHS$，$\triangle BHP$，$\triangle D_0HR$ 和 $\triangle B_0HQ$ 两两相似. 由此得到

$$\frac{HD_0}{HB_0} = \frac{HR}{HQ}, \qquad \frac{HD}{HB} = \frac{HS}{HP}$$

将以上两式相乘后与 $(\star)$ 进行比较，即可证明结论.

3. [Baltic Way 波罗的海沿岸数学竞赛2010] $\triangle ABC$ 为锐角三角形，D、E 分别为边 AB、AC 上的点，且满足 B、C、D、E 共圆. 此外，经过 D、E、A 的圆与边 BC 相交于两点 X 和 Y. 求证：XY 的中点是以 A 为顶点的高在 BC 上的垂足.

证明. 设 $A_0 \in BC$ 是以 A 为顶点的高的垂足.

因为 BC 与 DE 在 $\angle BAC$ 中逆平行，并且 AA_0 为 $\triangle ABC$ 中的高，由命题47（HO相伴），它一定经过 $\triangle ADE$ 的外心.

因此，$\triangle ADE$ 的外接圆关于 AA_0 对称. 由于点 X、Y 关于 AA_0 对称，于是 A_0 是 XY 的中点.

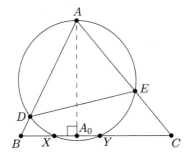

4. [Tournament of Towns 环球城市数学竞赛2007] 过点 B 的一条直线与圆 ω 相切于点 A，将直线段 AB 绕圆心旋转一定角度形成线段 $A'B'$. 求证：直线 AA' 平分线段 BB'.

证法1. 不失一般性，假设直线 AA' 为水平位置.

由切线长相等可知，AB、$A'B'$ 与 AA' 所成的角相等. 又由 AB、$A'B'$ 长度相等，所以点 B 与 B' 到 AA' 的距离相等. 因此，BB' 的中点一定在直线 AA' 上.

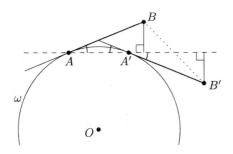

证法2. 设直线 AA' 与 BB' 的交点为 X，AB 与直线 $A'B'$ 的交点为 Y.

在 $\triangle YBB'$ 中，由梅涅劳斯定理可得

$$\frac{BX}{XB'} \cdot \frac{B'A'}{A'Y} \cdot \frac{YA}{AB} = 1$$

因为切线长相等，$A'Y = AY$，并且已知 $A'B' = AB$，则立即得到我们想要的结论 $BX = XB'$.

5. [USAMO 1998] ω_1 与 ω_2 为同心圆，且 ω_2 在 ω_1 里边. 从 ω_1 上的点 A 作 ω_2 的切线 AB，其中 $B \in \omega_2$. 直线 AB 与 ω_1 二次相交于点 C，D 是 AB 的中点. 另有一条经过 A 的直线，与 ω_2 相交于 E 和 F，满足 DE、CF 的中垂线相交于点 M，且 M 在直线 AB 上. 求 AM/MC.

解. 将 AB 水平放置，并去掉圆 ω_1，同时记住，根据对称性，B 是 AC 的中点. 由图形中剩余的元素可知，一定要用点到圆的幂，得到

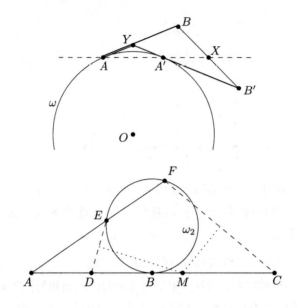

$$AE \cdot AF = AB^2 = \frac{AB}{2} \cdot 2AB = AD \cdot AC$$

于是$EFCD$是圆内接四边形，并且因为M是其中两个边中垂线交点，它也一定是$EFCD$外接圆的圆心，特别地，它是CD的中点．

现在很容易就可以获得所求的比例了．

$$AM = AD + \frac{1}{2}CD = \frac{1}{4}AC + \frac{3}{8}AC = \frac{5}{8}AC$$

于是$MC = \frac{3}{8}AC$，而答案就是$\frac{5}{3}$．

6. [Titu Andreescu] M为$\triangle ABC$内一点，满足

$$AM \cdot BC + BM \cdot AC + CM \cdot AB = 4[ABC]$$

求证：点M是$\triangle ABC$的垂心．

证明． 我们的目标是把等式左侧的乘积与面积联系起来．

延长AM并与BC相交于点D，分别用B_0、C_0表示B、C在AM上的垂足．因此垂线是点到直线的最短距离，$BC = BD + DC \geqslant BB_0 + CC_0$，则

$$AM \cdot BC \geqslant AM \cdot BB_0 + AM \cdot CC_0 = 2 \cdot ([AMB] + [CMA])$$

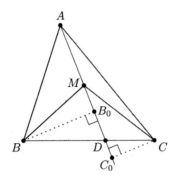

当且仅当$AM \perp BC$时取等号.

类似地

$$BM \cdot AC \geqslant 2 \cdot ([BMC] + [AMB])$$
$$CM \cdot AB \geqslant 2 \cdot ([CMA] + [BMC])$$

将以上三式相加，得到

$$AM \cdot BC + BM \cdot AC + CM \cdot AB \geqslant 4([AMB] + [BMC] + [CMA])$$
$$= 4[ABC]$$

因为只有当三个部分不等式都取等号时，才能满足已知条件，所以满足等式成立时，M 是$\triangle ABC$ 的垂心.

7. 在$\triangle ABC$中，求证：三条连接边线中点与本边高线中点的直线，相交于一点.

证明. 设边线BC、CA、AB的中点分别为M、N、P，其对应高线的垂足分别为点D、E、F，高的中点分别为X、Y、Z.

因为X是AD的中点，它在$\triangle ABC$的中位线NP上. 由此，参照$\triangle MNP$进行观察是比较好的选择.

为了证明共点，由塞瓦定理，只需证明

$$\frac{NX}{XP} \cdot \frac{PY}{YM} \cdot \frac{MZ}{ZN} = 1$$

接下来，我们将消除中点.

因为在$\triangle CAD$和$\triangle DAB$中，NX和XP分别为中位线，所以$NX = \frac{1}{2}CD$，并且$XP = \frac{1}{2}DB$. 于是，等式左边第一个比例关系等于CD/DB. 类似地，可重写另外两个比例关系，得到

$$\frac{NX}{XP} \cdot \frac{PY}{YM} \cdot \frac{MZ}{ZN} = \frac{CD}{DB} \cdot \frac{AE}{EC} \cdot \frac{BF}{FA}$$

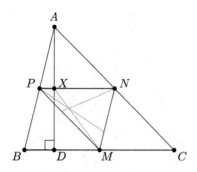

在△ABC中，因为AD、BE、CF共点（交点为垂心），所以根据塞瓦定理，等式右边就等于1. 于是结论得证.

8. [Baltic Way 波罗的海沿岸数学竞赛2011] 在凸四边形ABCD中，∠ADB = ∠BDC. 假设AD边上一点E满足等式

$$AE \cdot ED + BE^2 = CD \cdot AE$$

求证：∠EBA = ∠DCB.

证明. 将DB竖直放置以便使对称关系更清晰. 观察发现等式中多数的长度或取自DC，或取自它的对称线DA. 这给了我们一个很重要的提示：把全部的长度放到对称轴的同侧，然后重新描述问题.

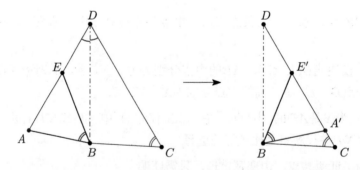

于是，设点A'、E'为点A、E关于BD的镜射. 很自然地等式可以化简为

$$BE'^2 = BE^2 = CD \cdot AE - AE \cdot ED = A'E'(CD - E'D) = A'E' \cdot CE'$$

由点到圆的幂可得，直线E'B与△BA'C的外接圆相切. 因此，由命题34得，∠A'BE' = ∠DCB.

最后，通过对称性，可完成证明.

9. [USAMO 2010] 在△ABC中，$\angle A = 90°$，I为内心，点$D = BI \cap AC$，点$E = CI \cap AB$. 请判断并证明：线段AB、AC、BI、ID、CI、IE的长度是否可能都是整数.

证明. 考虑到三角形中的基本角，我们的目标是把$\angle BIC = 135°$（见命题11）用起来. 这里的技巧是在△BIC中，通过余弦定理表示$\cos\angle BIC$.

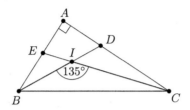

在△ABC中，由勾股定理 可得

$$-\frac{\sqrt{2}}{2} = \cos 135° = \frac{BI^2 + CI^2 - BC^2}{2BI \cdot CI} = \frac{BI^2 + CI^2 - AB^2 - AC^2}{2BI \cdot CI}$$

我们看到，等式左边是无理数，所以线段AB、AC、BI、ID、CI、IE的长度不可能都是整数.

10. ω为一个固定的圆，圆心为O. 点A和B是圆内关于O对称的两个定点. 如果点M和N是相对于AB在同一半平面内、ω上的两个动点，且满足$AM \parallel BN$. 求证：$AM \cdot BN$是常数.

证明. 延长MA并与ω二次相交于点N'.

因为点A与B关于点O对称，并且$AM \parallel BN$，所以，点N与N'也关于点O对称，并且$AN' = BN$. 于是$AM \cdot BN$与$AM \cdot AN'$相等

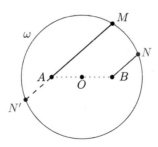

注释. 因为，$AM \cdot AN'$即为点A到圆ω的幂，是一个常数（负数），由此结论得证.

11. 在梯形$ABCD$中，M、N分别为底边AB、CD的中点，连接M、N的线段长为4，且对角线长度分别是$AC = 6$，$BD = 8$. 求梯形面积.

解法1. 设BC的中点为L，则$ML = \frac{1}{2}AC = 3$，$LN = \frac{1}{2}BD = 4$.于是根据海伦公式

$$[MLN] = \frac{3}{4}\sqrt{55}$$

接下来我们把$[MLN]$和$[ABCD]$关联起来.

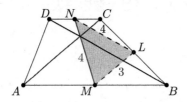 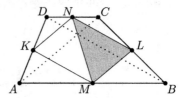

设点K为AD的中点. 因为$KMLN$是平行四边形（见入门题9），则$[KMLN] = 2 \cdot [MLN]$. 考虑其余四个小三角形的面积，因为ML和KN是中位线，于是

$$[MBL] + [KDN] = \frac{1}{4}[ABC] + \frac{1}{4}[ADC] = \frac{1}{4}[ABCD]$$

同理，$[KAM] + [NCL] = \frac{1}{4}[ABCD]$.

因此$KMLN$占据了$ABCD$的$1 - \frac{1}{4} - \frac{1}{4} = \frac{1}{2}$，于是

$$[ABCD] = 2 \cdot [KMLN] = 4 \cdot [MLN] = 3\sqrt{55}$$

解法2. 如解法1中，分别设AD、BC的中点为K、L.

由于$LB = LC$，切开$\triangle LCN$并把它关于L翻转得到$\triangle LBZ$. 因为$ABCD$是梯形，Z在直线AB上，由此得到$MZ = \frac{1}{2}AB + \frac{1}{2}CD$，$NZ = 2 \cdot NL = DB = 8$.

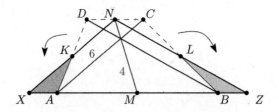

对$\triangle KDN$进行相同的操作，把$\triangle KDN$关于点K旋转到$\triangle KAX$的位置.于是我们想到，只需通过边NZ、NX以及中线NM长，即可确定$\triangle NXZ$的面积.

找到点Y满足$NXYZ$为平行四边形，则$[NXZ] = \frac{1}{2}[NXYZ] = [NXY]$，并且已知$\triangle NXY$的边长：$NX = 6$、$XY = NZ = 8$、$NY =$

$2 \cdot NM = 8$. 所以应用海伦公式可得
$$[ABCD] = [NXZ] = [NXY] = \sqrt{11 \cdot 5 \cdot 3 \cdot 3} = 3\sqrt{55}$$

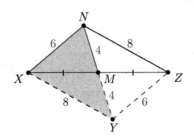

12. 在△ABC中，AP、BQ、CR为共点的塞瓦线. △PQR的外接圆与边BC、CA、AB 分别二次相交于点X、Y、Z. 求证：AX、BY、CZ共点.

证明. 我们先对共点的塞瓦线AP、BQ、CR使用塞瓦定理，然后再对AX、BY、CZ使用塞瓦定理.由点到圆的幂来处理圆相关的信息，得到

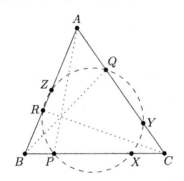

$$AZ \cdot AR = AQ \cdot AY, \quad \frac{AR}{AQ} = \frac{AY}{AZ}$$

同理
$$\frac{BP}{BR} = \frac{BZ}{BX}, \quad \frac{CQ}{CP} = \frac{CX}{CY}$$

现在根据前面提到的，对AP、BQ、CR使用塞瓦定理，得到
$$\frac{AR}{AQ} \cdot \frac{BP}{BR} \cdot \frac{CQ}{CP} = 1$$

将等比例关系代入等式，于是
$$\frac{AY}{AZ} \cdot \frac{BZ}{BX} \cdot \frac{CX}{CY} = 1$$

这就是我们想要的AX、BY、CZ满足塞瓦定理的关系式.

由此, 结论得证.

注释. 这是著名的卡诺定理的特殊情况, 若点P、X在BC上, 点Q、Y在CA上, 点R、Z在AB上, 则当且仅当

$$\frac{XB}{XC} \cdot \frac{PB}{PC} \cdot \frac{YC}{YA} \cdot \frac{QC}{QA} \cdot \frac{ZA}{ZB} \cdot \frac{RA}{RB} = 1$$

时, 点P、Q、R、X、Y、Z六点共圆.

13. [All-Russian Olympiad 全俄奥林匹克2002] 四边形$ABCD$内接于圆ω. 以点B为切点的圆ω的切线与射线DC相交于点K, 以点C为切点的圆ω的切线与射线AB相交于点M. 求证: 若$BM = BA$且$CK = CD$, 则$ABCD$为梯形.

证法1. 题目中出现的中点提示我们: 应该尝试利用圆内接四边形$ABCD$中的比例关系.

由点到圆的幂, 得到$KB^2 = KC \cdot KD = 2KC^2$. 同理, $MC^2 = MB \cdot MA = 2MB^2$.

因此, KB/KC与MC/MB相等, 并且由于$\angle BCM$与$\angle KBC$对应同一段弧BC, 所以$\angle BCM = \angle KBC$.

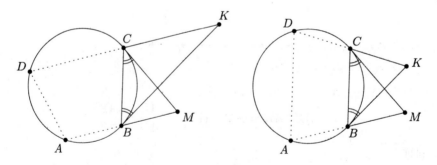

接下来观察$\triangle KCB$和$\triangle MBC$, 发现两者有很多共同点, 由正弦定理

$$\frac{KB}{KC} = \frac{\sin\angle KCB}{\sin\angle KBC}, \qquad \frac{MC}{MB} = \frac{\sin\angle MBC}{\sin\angle BCM}$$

可得$\sin\angle KCB = \sin\angle MBC$.

这里我们分为两种情况:

如果$\angle KCB = \angle MBC$, 则$BC // DA$; 如果$\angle KCB = 180° - \angle MBC$, 则$AB // CD$. 总之无论何种情况, 均可得到$ABCD$为梯形, 结论得证.

证法2. 我们把这个题目当作尺规作图来完成.从只有圆ω和点B、点C开始,寻找适合的点A和D.

经过点C作ω的切线ℓ.因为B是AM的中点,点A一定在与ℓ关于点B对称的直线ℓ'上.

设ℓ'与ω的两个交点分别为A'和A'',它们是仅有的两个可能的点A位置.并且因为$\ell//\ell'$,点C是弧$A'A''$(B所在的一段)的中点,因此$A'C = A''C$.

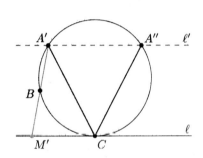
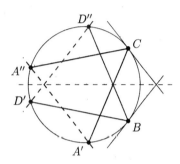

我们已经证明了对于两个可能的A,对角线AC的长度是相同的.同理可得,对角线BD的情况也如此.而且,因为这些对角线都关于线段BC的对称轴对称,所以对角线长度全部相等.因此,由例题7可知,若$ABCD$的对角线长度相等,则它是梯形.

14. 在平行四边形$ABCD$中,点M、N分别为边AB、AD上的点,且满足$\angle MCB = \angle DCN$. P、Q、R、S分别为线段AB、AD、NB、MD的中点.求证:点P、Q、R、S共圆.

证明. 经观察首先得到:PR是$\triangle ABN$的中位线,QS是$\triangle ADM$的中位线.这些中位线事实上也是平行四边形$ABCD$的中位线,并相交于它的中心O.

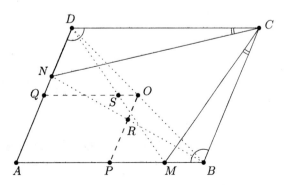

我们将通过点到圆的幂来证明四点共圆，目标是证明
$$OR \cdot OP = OS \cdot OQ$$
因为OR和OP分别是$\triangle DBN$和$\triangle DBA$的中位线，于是
$$OR = \frac{1}{2}DN, \qquad OP = \frac{1}{2}DA$$
同理，
$$OS = \frac{1}{2}BM, \qquad OQ = \frac{1}{2}BA$$
接下来只需证明
$$DN \cdot DA = BM \cdot BA$$
或
$$\frac{DN}{DC} = \frac{BM}{BC}$$
由角角判定可得，$\triangle MBC$与$\triangle NDC$相似，所以$\frac{DN}{DC} = \frac{BM}{BC}$成立. 由此，结论得证.

15. [Tournament of Towns 环球城市数学竞赛2008] 在非等腰梯形$ABCD$中，对角线相交于点P. 设$\triangle BCD$的外接圆与AP二次相交于点A_1. 类似地，存在点B_1、C_1、D_1. 求证：$A_1B_1C_1D_1$也是梯形.

    证明. 本题只需考虑$AB//CD$的情况.

    分别用a、b、c、d表示线段PA、PB、PC、PD的长度. 我们希望通过点到圆的幂确定点A_1、B_1、C_1、D_1在对角线AC和BD上的位置，然后通过相似性证明它们构成梯形.

    点P到四个圆的幂分别是
    $$PA_1 = \frac{bd}{c}, \qquad PB_1 = \frac{ac}{d}, \qquad PC_1 = \frac{bd}{a}, \qquad PD_1 = \frac{ac}{b}$$
    由$AB//CD$，得到$\triangle ABP \sim \triangle CDP$，并且$b/a = d/c$.
    所以由以下等式
    $$\frac{PA_1}{PB_1} = \frac{bd}{c} \cdot \frac{d}{ac} = \frac{bd}{ac} \cdot \frac{d}{c}, \qquad \frac{PC_1}{PD_1} = \frac{bd}{a} \cdot \frac{b}{ac} = \frac{bd}{ac} \cdot \frac{b}{a}$$
    得到$PA_1/PB_1 = PC_1/PD_1$.

    于是，由边角边判定，$\triangle A_1B_1P$与$\triangle C_1D_1P$相似，于是$A_1B_1C_1D_1$为梯形.

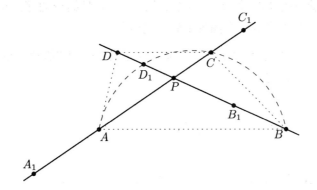

16. [Czech and Slovak 捷克和斯洛伐克2006] 圆ω的圆心为O，半径为r，点A不与O重合．求$\triangle ABC$外心的轨迹，使得BC为ω的一条直径．

解． 本题的关键在于观察问题的角度．

点O到$\triangle ABC$外接圆的幂是一个常数，即$-OB \cdot OC = -r^2$．此外，设直线AO与$\triangle ABC$的外接圆二次相交于点X，则因为

$$OA \cdot OX = OB \cdot OC$$

所以，X是固定的点，且$OX = r^2/OA$．

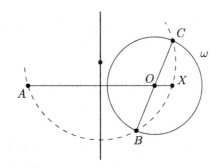

由此可知，所有的圆都经过这两个定点，所以圆心就在一条固定的直线，即AX的中垂线上．

为了证明这条直线上的点都满足条件，只需逆向使用上面的计算过程，说明任一通过点A和X的圆，都与圆ω相交，且交点组成ω的直径．

17. 在四边形$ABCD$中，$\angle ADB + \angle ACB = 90°$，且$\angle DBC + 2\angle DBA = 180°$．求证

$$(DB + BC)^2 = AD^2 + AC^2$$

证明. 本题中已知的角度条件比较不常见，并且结论的等式形式类似勾股定理，这些都说明需要在图形上做一些转化.

首先，抹掉线段CD. 接下来把图形看作是沿AB折叠后的效果. 打开折叠就是解题的诀窍!

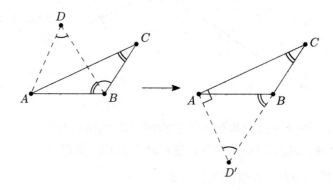

设点D'是点D关于AB的镜像，则

$$\angle CBD' = \angle CBD + 2 \cdot \angle DBA = 180°$$

于是点C、B、D'共线，并且在$\triangle AD'C$中，$\angle D'AC = 180° - \angle ACB - \angle BD'A = 90°$. 于是由勾股定理和对称性，即可证明结论.

18. [Poland 波兰2008] 在$\triangle ABC$中，$AB = AC$. D为线段BC上一点，且满足$BD < DC$. 点E与B关于AD对称. 求证

$$\frac{AB}{AD} = \frac{CE}{CD - BD}$$

证法1. 设D'为线段BC上的点，且满足$D'C = BD$，于是$DD' = CD - D'C = CD - BD$. 由对称性，可知$\angle BAD = \angle D'AC$.

因为E与B关于AD对称，所以

$$\angle DAD' = \angle BAC - 2\angle BAD = \angle EAC$$

所以在两个等腰三角形$\triangle D'AD$与$\triangle EAC$中，顶角相等，从而相似. 因此

$$\frac{AB}{AD} = \frac{AC}{AD'} = \frac{CE}{DD'} = \frac{CE}{CD - BD}$$

证毕.

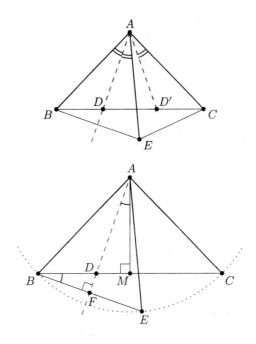

证法2. 取BC的中点M，设AD与BE的交点为F.

由角角判定，直角三角形$\triangle DFB$与$\triangle DMA$相似，于是$\angle FBM = \angle FAM$. 接下来，由简单的计算可得

$$CD - BD = (CM + MD) - (BM - MD) = 2MD$$

最后，由对称性可得$AC = AB = AE$，因此A是$\triangle BCE$的外心，于是，由扩展的正弦定理，$CE = 2AB \cdot \sin \angle EBC$.

综合以上结果，可得

$$\frac{AB}{AD} = \frac{AB}{MD} \cdot \sin \angle FAM = \frac{2 \cdot AB \cdot \sin \angle FBM}{2MD} = \frac{CE}{CD - BD}$$

证法3. 这一次，我们在线段BC上取点D'，满足$CD' = CD - BD$. 因此，点D为BD'的中点. 我们的目标是证明$\triangle ABD \sim \triangle CED'$.

正如解法2中证明过的，A为$\triangle BEC$的外心，则$\angle BAD$与$\angle BCE$都为圆心角$\angle BAE$的一半，即$\angle BAD = \angle BCE$. 而且，直线AD分别过BD'、BE的中点，即它是$\triangle BD'E$的中位线，所以$AD // D'E$，于是$\angle ADB = \angle ED'C$.

所以，由角角判定，$\triangle ABD \sim \triangle CED'$，因此

$$\frac{AB}{AD} = \frac{CE}{CD'} = \frac{CE}{CD - BD}$$

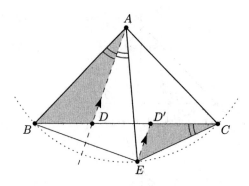

19. 在△ABC中，P为BC边上一点. AB、AC的中垂线与线段AP分别相交于点D、E. ω为△ABC的外接圆，一条直线与ω相切于点B，经过点D且平行于AB的直线与此切线相交于点M. 类似地，经过点E且平行于AC的直线，与以C为切点的ω的切线相交于点N. 求证：MN与圆ω相切.

证明. 从已知条件看，本题是为使用追角法而设计的. 因此，我们不画出中垂线，取而代之，来研究两个等腰三角形△BDA和△CEA.

首先我们关注图形的左半部分.

在等腰△BDA中，$\angle BAD = \angle DBA$. 因为$DM\parallel AB$，于是$\angle BDM = \angle DBA$. 由于外角$\angle BDP = 2\angle BAD$，所以$\angle MDP = \angle BDP - \angle BDM = \angle BAD$.

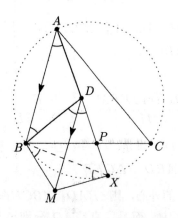 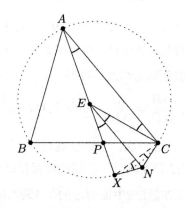

接下来进行到了本题最关键的步骤. 通常情况下，追角法只能证明发生在某一特定点的相切关系，但本题中我们不知道所求相切关系的切点信息，必须猜测切点位置.

通过良好的直觉或在脑中模拟追角，我们将备选的切点选定为AP与ω二次相交的交点X.

于是，由于BM与ω相切，由命题34可得，$\angle MBX = \angle BAX$，所以$\angle MBX = \angle MDX$，故$BMXD$为圆内接四边形. 由此可得，$\angle BXM = \angle BDM = \angle BAP$，即$MX$与$\omega$相切.

同理，NX与ω相切. 于是，MN与ω相切于点X.

20. 在锐角$\triangle ABC$中，半圆ω的圆心在BC边上，且分别与AB、AC相切于点F、E. 如果BE与CF相交于点X，求证：$AX \perp BC$.

证明. 如果用D表示以A为顶点的高线的垂足，则题目就转变为求证三条塞瓦线AD、BE、CF共点了. 于是，由塞瓦定理，需要证明

$$\frac{BD}{DC} \cdot \frac{CE}{EA} \cdot \frac{AF}{FB} = 1$$

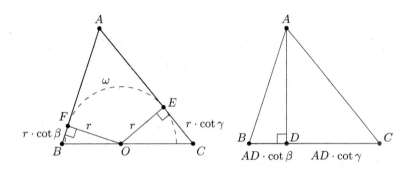

由于切线长相等，则$AE = AF$，所以等式简化为

$$\frac{BD}{DC} = \frac{FB}{CE}$$

设ω的圆心为O，半径为r. 在直角$\triangle OFB$和$\triangle OEC$中

$$\frac{FB}{CE} = \frac{r \cdot \cot \beta}{r \cdot \cot \gamma} = \frac{\cot \beta}{\cot \gamma}$$

相似地，在直角$\triangle BDA$和$\triangle DCA$中

$$\frac{BD}{DC} = \frac{AD \cdot \cot \beta}{AD \cdot \cot \gamma} = \frac{\cot \beta}{\cot \gamma}$$

结论得证.

21. 凸四边形$ABCD$内有一点X. 圆ω_A经过点X且分别与AB和AD相切. 类似地，有圆ω_B、ω_C和ω_D. 已知这些圆的半径相等，求证：$ABCD$为圆内接四边形.

证明. 设圆 ω_A、ω_B、ω_C 和 ω_D 的圆心分别为 O_A、O_B、O_C 和 O_D.

因为这些圆都经过点 X 并且半径都相等，可得 $O_AX = O_BX = O_CX = O_DX$，即 O_A、O_B、O_C、O_D 都在以 X 为圆心的圆上.

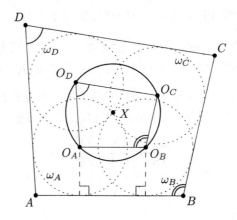

接下来，因为 O_A、O_B 到 AB 的距离相等，所以 $O_AO_B /\!/ AB$. 同理，$O_BO_C /\!/ BC$，$O_CO_D /\!/ CD$，并且 $O_DO_A /\!/ DA$.

这时很容易看出

$$\angle CBA = \angle O_CO_BO_A = 180° - \angle O_AO_DO_C = 180° - \angle ADC$$

因此 $ABCD$ 为圆内接四边形.

22. [Mathematical Reflections 数学的思考, Ivan Borsenco] 在 $\triangle ABC$ 中，塞瓦线 AP、BQ、CR 共点. 点 X、Y、Z 分别为线段 QR、RP、PQ 的中点. 求证：直线 AX、BY、CZ 共点.

证明. 我们想要应用三角形式的塞瓦定理.

在 $\triangle ARQ$ 中，由比例引理（见命题18）可得

$$\frac{AR\sin\angle RAX}{QA\sin\angle XAQ} = \frac{RX}{XQ} = 1$$

因此

$$\frac{\sin\angle RAX}{\sin\angle XAQ} = \frac{QA}{AR}$$

类似地，可得另外两个关系式，并得到以下等式

$$\frac{\sin\angle RAX}{\sin\angle XAQ} \cdot \frac{\sin\angle PBY}{\sin\angle YBR} \cdot \frac{\sin\angle QCZ}{\sin\angle ZCP} = \frac{QA}{AR} \cdot \frac{RB}{BP} \cdot \frac{PC}{CQ}$$

因为 AP、BQ、CR 共线，所以由塞瓦定理可得等式右边等于1.

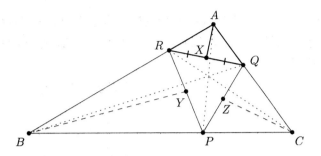

于是，等式左边也等于1，则根据三角形式的塞瓦定理，结论得证.

注释． 如果把X、Y、Z分别为中点，改为："$\triangle PQR$中，X、Y、Z分别为QR、RP、PQ上一点，且满足PX、QY、RZ共点"，则结论仍旧成立，并且被称为塞瓦巢定理，并可用与本题相同的方法来证明.

23. [USAJMO 2012] 在$\triangle ABC$中，点P、Q分别在边AB、AC上，且满足$AP = AQ$. S、R为线段BC两个不同的点，并且S在B和R之间，$\angle BPS = \angle PRS$，$\angle CQR = \angle QSR$. 求证：点P、Q、R、S共圆.

证明． 把题目中角度的关系转化成相切关系.

因为$\angle BPS = \angle PRS$，由命题34可得，BP与$\triangle SRP$的外接圆ω_1相切于点P. 同理，由$\angle CQR = \angle QSR$可得，CQ与$\triangle RQS$外接圆ω_2相切于点Q.

本题需要证明ω_1与ω_2重合，那么我们先假设它们互异.

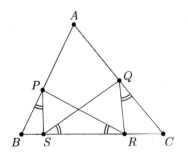 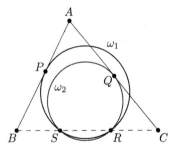

于是它们的根轴为SR，同时

$$p(A, \omega_1) = AP^2 = AQ^2 = p(A, \omega_2)$$

但因为$A \notin BC$，所以存在矛盾. 于是假设不成立，结论得证.

24. 线段AT与圆ω相切于点T. 一条平行于AT的直线与圆ω相交于点B、C（$AB < AC$）. 直线AB、AC分别与圆ω二次相交于点P、Q. 求证：直线PQ平分线段AT.

证明. 设点A、B、P和A、Q、C分别依此次序排列于所在直线上（其他可能的情况也可用类似的方法完成证明）. 因为$AT//BC$并且$BQCP$为圆内接四边形，所以

$$\angle TAC = \angle BCA \equiv \angle BCQ = \angle BPQ$$

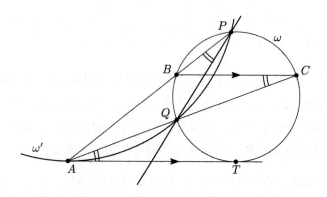

于是，由命题34知，AT与$\triangle APQ$的外接圆ω'相切. 则由命题41可知，ω与ω'的根轴PQ平分它们的公切线AT. 证毕.

25. [China 中国1990] 在圆内接四边形$ABCD$中，对角线AC、BD相交于点P. 设$ABCD$、$\triangle ABP$、$\triangle BCP$、$\triangle CDP$和$\triangle DAP$的外心分别为O、O_1、O_2、O_3和O_4. 求证：OP、O_1O_3、O_2O_4共点.

证明. 我们来证明PO_1OO_3为平行四边形.

首先，因为AB和CD关于$\angle APB$逆平行，则由命题47（HO相伴）可得，直线O_1P也为$\triangle CPD$的高，即$O_1P \perp CD$.

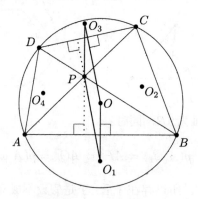

因为外心位于CD的中垂线上，$OO_3 \perp CD$. 所以$OO_3//O_1P$. 同理，$OO_1//O_3P$，于是PO_1OO_3是平行四边形.

类似地，OO_2PO_4也是平行四边形.

因为平行四边形对角线互相平分，于是OP、O_1O_3、O_2O_4相交于OP的中点.

26. [AIME 2005] 在$\triangle ABC$中，$BC = 20$. 三角形的内切圆与中线AD的两个交点E、F把中线三等分. 求三角形的面积.

解法1. 因为以A为顶角的等腰三角形不满足已知条件，因此不妨假设$b > c$. 设内切圆分别与BC、CA、AB相切于点X、Y、Z.

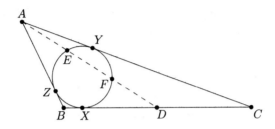

我们将通过点到圆的幂来计算三角形的边长，但首先表示出三角形中的各基本长度（见命题15(a)），得到

$$AZ = \frac{b+c-a}{2}, \quad DX = \frac{a}{2} - BX = \frac{a}{2} - \frac{a+c-b}{2} = \frac{b-c}{2}$$

于是点A和D到内切圆的幂为

$$AE \cdot AF = AZ^2$$

或

$$\left(\frac{1}{3}AD\right)\left(\frac{2}{3}AD\right) = \left(\frac{b+c-a}{2}\right)^2$$

以及

$$DF \cdot DE = DX^2$$

或

$$\left(\frac{1}{3}AD\right)\left(\frac{2}{3}AD\right) = \left(\frac{b-c}{2}\right)^2$$

因为以上两个等式中，等式左边相等，比较等式右边可知$2c = a$，即$c = 10$.

接下来，对AD使用中线公式（见推论24），并带入a和c的值，得到关于b的二次方程

$$\frac{2}{9} \cdot \left(\frac{b^2 + 10^2}{2} - \frac{20^2}{4}\right) = \left(\frac{b-10}{2}\right)^2$$

化简得到 $b^2 - 36b + 260 = 0$，两个解为 $b = 26$ 或 $b = 10$. 因为 $b > c$，所以 $b = 26$.

最后由海伦公式可得三角形的面积 K，即

$$K = \sqrt{8 \cdot 2 \cdot 18 \cdot 28} = 24\sqrt{14}$$

解法2. 首先，我们在图中只作出中线 AD 和内切圆 ω. 因为中线被三等分，所以整个图形关于 AD 的中垂线对称，从 A 和 D 分别对圆 ω 在 AD 同侧的部分做切线，这两条切线形成了一个等腰三角形.

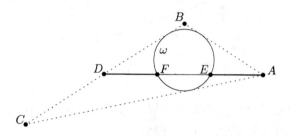

接下来要做的，就是观察这个交点与 $\triangle ABC$ 的顶点 B 还是顶点 C 重合. 不失一般性，假设交点与 B 重合，则 $AB = BD = \frac{1}{2}BC$. 继续使用解法1中的方法即可得到结论.

27. [IMO 1996 短名单，Titu Andreescu] 正 $\triangle ABC$ 中有一点 P. 设 AP、BP、CP 分别与边 BC、CA、AB 相交于点 A_1、B_1、C_1. 求证

$$A_1B_1 \cdot B_1C_1 \cdot C_1A_1 \geqslant A_1B \cdot B_1C \cdot C_1A$$

证明. 因为 AA_1、BB_1、CC_1 共点，则由塞瓦定理可得

$$A_1B \cdot B_1C \cdot C_1A = A_1C \cdot B_1A \cdot C_1B$$

于是我们可以把目标不等式转化为一个更加对称的形式. 将不等式两边取平方并将等式带入，得到

$$(A_1B_1 \cdot B_1C_1 \cdot C_1A_1)^2 \geqslant A_1B \cdot A_1C \cdot B_1A \cdot B_1C \cdot C_1A \cdot C_1B$$

在 $\triangle AB_1C_1$ 中应用余弦定理，得到

$$B_1C_1^2 = C_1A^2 + B_1A^2 - C_1A \cdot B_1A$$

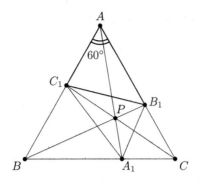

因为$x^2 + y^2 - xy \geqslant xy$, 对于所有实数$x$、$y$都成立, 于是

$$B_1C_1^2 \geqslant C_1A \cdot B_1A$$

同理可得另两个类似的不等式, 三式相乘即可完成证明.

当且仅当$CA_1 = CB_1$, $AB_1 = AC_1$, 和$BC_1 = BA_1$同时成立, 即P为正$\triangle ABC$的中心时, 取等号.

28. 点P与Q关于$\triangle ABC$等角共轭[①]. 求证: 点P、Q在$\triangle ABC$边上的全部六个垂足共圆.

设P到BC、CA、AB的垂足分别为P_a、P_b、P_c, 类似地, 有点Q_a、Q_b、Q_c.

证法1. 设$\angle BAP = \angle QAC = \varphi$, $\angle BAQ = \angle PAC = \psi$.

首先, 由点到圆的幂证明P_c、Q_c、P_b、Q_b共圆.

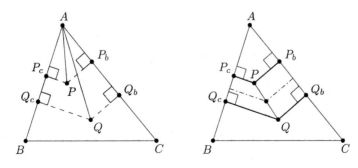

在$\triangle APP_c$和$\triangle AQQ_c$中

$$AP_c \cdot AQ_c = (AP\cos\varphi) \cdot (AQ\cos\psi)$$

[①]定义及解释见定理46.

类似地，在 $\triangle APP_b$ 和 $\triangle AQQ_b$ 中

$$AP_b \cdot AQ_b = (AP\cos\psi) \cdot (AQ\cos\varphi)$$

因为两个等式中等式右边相等，所以 P_c、Q_c、P_b、Q_b 共圆，并且圆心为 P_cQ_c、P_bQ_b 中垂线的交点，而这两条中垂线也分别是梯形 P_cQ_cQP、P_bQ_bQP 的中位线，并且相交于 PQ 的中点.

同理可得，P_a、Q_a、P_c、Q_c 共圆，且圆心为 PQ 的中点.

这两个圆共享圆心和圆周上的两个点，所以两个圆是重合的，于是六个垂足共圆.

证法2. 因为 AP 是 AP_cPP_b 外接圆的直径，所以它经过 AP_cP_b 外接圆的圆心，并且，由于 AP 与 AQ 在 $\angle A$ 中是等角的，于是由命题47（HO 相伴），$AQ \perp P_bP_c$.

同理可得，$AP \perp Q_bQ_c$.

最后，因为 AP 和 AQ 关于 $\angle A$ 逆平行，它们的垂线 P_bP_c 和 Q_bQ_c 也逆平行. 因此，点 P_c、Q_c、P_b、Q_b 共圆（设为圆 ω_a）.

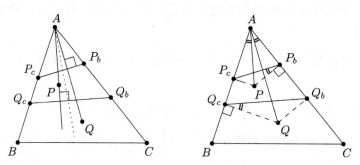

现在我们进入到证法1的步骤中，但采用不同的证明方法.

与圆 ω_a 相似，点 P_a、Q_a、P_c、Q_c 都在圆 ω_b 上，点 P_a、Q_a、P_b、Q_b 都在圆 ω_c 上.

这些圆可能两两互异么？不！原因如下：

如果这三个圆两两互异，那么由命题42，它们每两个圆之间的根轴 AB、BC 和 CA 将互相平行或交于一点，这与已知矛盾. 因此，这三个圆中至少两个是重合的，也就是六个垂足同在一个圆上.

证法3. 本题中可以直接使用追角法，但是三角形边上的点并未指定排列顺序，所以为了避免由此带来点的复杂的推导过程，使用有向角是很简便的做法.

在圆内接四边形AP_cPP_b和AQ_cQQ_b中

$$\angle(P_cP_b, P_bQ_b) = \angle(P_cP_b, P_bP) + 90° = \angle(P_CA, AP) + 90°$$
$$\angle(P_cQ_C, Q_cQ_b) = 90° + \angle(QQ_c, Q_CQ) = 90° + \angle(QA, AQ_b)$$

所以$\angle(P_cP_b, P_bQ_b) = \angle(P_cQ_c, Q_cQ_b)$.

于是可得P_c、Q_c、P_b、Q_b共圆. 接下来使用以上两种解法中的任一种即可完成证明.

注释. 如果取H和O（垂心和外心）作为等角共轭点，则所得到的圆就是著名的九点圆. 在本书的续篇《107个几何问题：来自AwesomeMath 全年课程》中将会进一步讨论九点圆.

29. $\triangle ABC$内切圆分别与它的边BC、CA、AB相切于点D、E、F，它的旁切圆分别与对应边相切于点T、U、V. 求证：$\triangle DEF$与$\triangle TUV$面积相等.

证明. 首先，由命题15(a)和(c)，$AF = BV = x$, $BD = CT = y$, $CE = AU = z$.

接下来的思路是用x、y、z表示出两个三角形的面积，然后通过代数方法验证二者的相等关系.

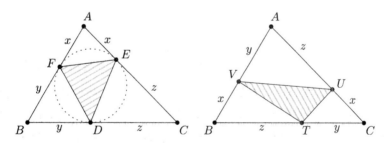

事实上，只需比较$\triangle ABC$中，除所求三角形外其余部分的面积，即

$$[ABC] - [DEF] = [AFE] + [BDF] + [CED]$$
$$[ABC] - [TUV] = [AVU] + [BTV] + [CUT]$$

用面积公式$2K = bc\sin\angle A$和扩展的正弦定理$\sin\angle A = a/2R = (y+z)/2R$（$R$为$\triangle ABC$的外径）来表示面积，得到

$$[AFE] + [BDF] + [CED] = \frac{1}{2}\left(x^2\sin\angle A + y^2\sin\angle B + z^2\sin\angle C\right)$$
$$= \frac{1}{4R}\left(x^2(y+z) + y^2(z+x) + z^2(x+y)\right)$$

和

$$[AVU] + [BTV] + [CUT] = \frac{1}{2}\left(yz\sin\angle A + zx\sin\angle B + xy\sin\angle C\right)$$
$$= \frac{1}{4R}\bigl(yz(y+z) + zx(z+x) + xy(x+y)\bigr)$$

由于其余部分面积相同，于是结论得证.

30. [IMO 2008] 点H是锐角$\triangle ABC$的垂心. 圆Γ_A以BC中点为圆心，经过点H并与边线BC相交于点A_1和A_2. 类似地，还存在点B_1、B_2、C_1和C_2. 求证：A_1、A_2、B_1、B_2、C_1和C_2六点共圆.

证明. 首先，我们来证明点B_1、B_2、C_1和C_2共圆. 由根引理（命题43）可知，通过证明Γ_B与Γ_C的根轴经过点A，可以证明这四点共圆.

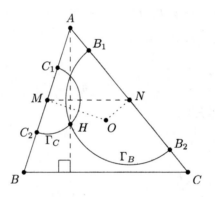

设AB、AC的中点分别为M、N，则Γ_B与Γ_C的根轴垂直于MN，于是也垂直于BC. 因为根轴经过H，所以它是$\triangle ABC$中以A为顶点的高，即A也在根轴上. 因此，点B_1、B_2、C_1和C_2在同一圆上，圆心为B_1B_2、C_1C_2中垂线的交点，即$\triangle ABC$的外心O.

由对称性，点A_1、A_2、B_1和B_2也位于以O为圆心的一个圆上. 因为这两个圆都经过B_1和B_2，所以两个圆重合，于是结论得证.

31. [Moscow Math Olympiad 莫斯科数学奥林匹克竞赛1969] A、B为平面内互异的两个点. 求点C的轨迹，使得在$\triangle ABC$中，以A为顶点的高与以B为顶点的中线长度相等.

解. 假设我们找到了满足条件的点C，分别用m_b、h_a表示$\triangle ABC$中以B为顶点的中线BM、以A为顶点的高AD的长度，则$m_b = h_a$. 接下来我们将AD与BM关联起来.

为了达到这个目的，取点 X，满足 B 为 AX 的中点. 于是在 $\triangle AXC$ 中，BM 为中位线，所以 $XC = 2 \cdot m_b$.

设 X 到 BC 的垂足为 D'. 由直角 $\triangle ABD$ 与 $\triangle XBD'$ 全等可得，$XD' = h_a$. 于是在直角 $\triangle CD'X$ 中，有 $\sin \angle D'CX = \frac{1}{2}$，因此 $\angle D'CX = 30°$. 而根据 D' 在 BC 上的位置不同，$\angle BCX$ 要么与 $\angle D'CX$ 相等，要么与它互补，所以 $\angle BCX$ 等于 $30°$ 或者 $150°$.

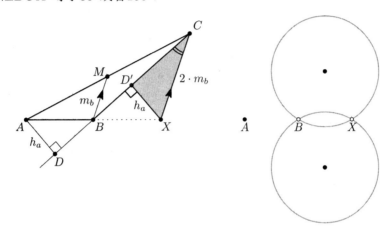

另一方面，如果找到某点 C 满足 $\angle BCX$ 是 $30°$ 或 $150°$，则由以上思路的逆过程可得 $h_a = m_b$.

因此，所求点的集合为两个圆，它们的圆心与 B 和 X 构成正三角形，B 和 X 落在圆上但不属于所求轨迹.

32. [MEMO 中欧数学奥林匹克竞赛2011, Michal Rolíek and Josef Tkadlec] 在锐角 $\triangle ABC$ 中，BB_0 和 CC_0 均为三角形的高. P 为已知点，满足直线 PB 与 $\triangle PAC_0$ 的外接圆相切，且直线 PC 与 $\triangle PAB_0$ 的外接圆相切. 求证：AP 与 BC 垂直.

证法 1. 由命题22，当且仅当 $AB^2 + CP^2 = AC^2 + BP^2$ 时，AP 与 BC 垂直. 通过分别求点 B 到 $\triangle PAC_0$ 外接圆的幂及点 C 到 $\triangle PAB_0$ 外接圆的幂，消去点 P，则

$$AB^2 + CP^2 = AB^2 + CA \cdot CB_0 = c^2 + b \cdot (a \cos \angle C)$$
$$AC^2 + PB^2 = AC^2 + BA \cdot BC_0 = b^2 + c \cdot (a \cos \angle B)$$

由余弦定理，得到两个表达式

$$ba \cos \angle C = \frac{1}{2}(a^2 + b^2 - c^2), \quad ca \cos \angle B = \frac{1}{2}(a^2 + c^2 - b^2)$$

将这两个表达式代入前面的两个等式后，等式右边都等于 $\frac{1}{2}(a^2 + b^2 + c^2)$. 由此可完成证明.

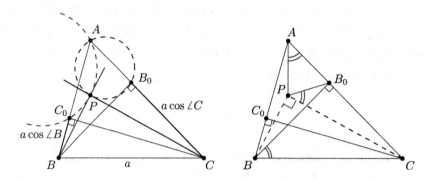

证法2. 如证法1中通过点到圆的幂, 得到

$$BP^2 = BA \cdot BC_0 = ac\cos\angle B, \qquad CP^2 = CA \cdot CB_0 = ab\cos\angle C.$$

因此

$$BP^2 + CP^2 = a(c\cos\angle B + b\cos\angle C) = a^2$$

其中, $c\cos\angle B + b\cos\angle C$ 是 A 到 BC 的垂足将 BC 分成的两部分长度之和, 也就是 BC 的长度.

因此 $\triangle BPC$ 为直角三角形, BCB_0PC_0 为圆内接五边形.

最后, 由命题34和共圆性, 得到

$$\angle PAC = \angle CPB_0 = \angle CBB_0 = 90° - \angle C$$

因此 AP 垂直于 BC.

33. [Moscow Math Olympiad 莫斯科数学奥林匹克2011] $\triangle ABC$ 内有一点 O, 满足 $\angle OBA = \angle OAC$, $\angle BAO = \angle OCB$, $\angle BOC = 90°$. 求 AC/OC.

解. 要为这道题画出一个精确的图形比较困难, 因为并非任意 $\triangle ABC$ 内都必然存在满足这三个条件的点 O. 因此, 我们从直角 $\triangle BOC$ 开始, 目标是构造出点 A 使得两个等式成立.

因为 $\angle BAO = \angle OCB$, 所以, 线段 OB 与点 A、点 C 所成的视角相等. 因此, 点 A 位于弧 $BC'O$ 上, 其中点 C' 为点 C 关于 BO 的镜射.

接下来, 因为 $\angle OBA = \angle OAC$, 由命题34可得, CA 与 $\triangle BOC'$ 的外接圆相切. 由此作图完成.

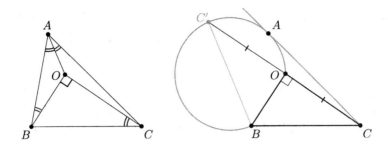

现在只需把点到圆的幂和关于BO的对称性结合起来，得到
$$CA^2 = CO \cdot CC' = CO \cdot (2 \cdot CO) = 2 \cdot CO^2$$

因此，答案是$AC/OC = \sqrt{2}$.

34. [Poland 波兰2007] 在圆内接四边形$ABCD$中，$AB \neq CD$. 菱形$AKDL$和$CMBN$边长相等. 求证：点K、L、M、N共圆.

    证明. 已知圆内接四边形$ABCD$，如何找到点K和L使得$AKDL$为给定边长d的菱形呢？当然需要分别以A、D为圆心，以d为半径分别作圆ω_a、ω_d，两圆的交点即为K、L. 同理也可得到M、N.

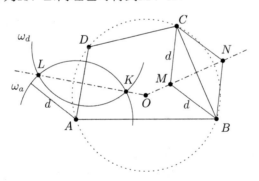

因为KL是AD的中垂线，则它经过$ABCD$外接圆的圆心O. 同理，MN也作为BC的中垂线经过圆心O.

于是顺理成章地，我们应用点到圆的幂并尝试证明
$$\overline{OK} \cdot \overline{OL} = \overline{OM} \cdot \overline{ON}$$

由点到圆的幂表达式很快就可以证明这个相等关系
$$\overline{OK} \cdot \overline{OL} = p(O, \omega_a) = OA^2 - d^2$$
$$\overline{OM} \cdot \overline{ON} = p(O, \omega_b) = OB^2 - d^2$$

已知$OA = OB$，由此可完成证明.

35. 在△ABC中，内径为r，圆ω的半径$a < r$，并内切于$\angle BAC$. 从B、C分别作圆ω的切线（非三角形的边线），两条切线交于点X. 求证：△BCX的内切圆与△ABC的内切圆相切.

    证明. 设△BCX内切圆分别与BC、CX、XB相切于点D、E、F. 因为△ABC的内切圆、△BCX的内切圆都与BC相切，我们的目标是两圆与BC相切于同一点. 因此，由命题15可知，只需证明$BD - DC = \frac{1}{2}(a - b + c) - \frac{1}{2}(a + b - c) = AB - AC$.

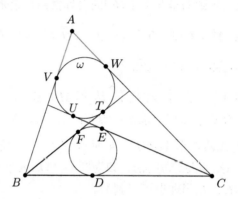

    设BX、CX、BA、CA分别与ω相切于点T、U、V、W，则由对称性，$FT = UE$，并且由切线长相等，知

    $$BD - DC = BF - EC = BT - UC = BV - WC = AB - AC$$

    由此结论得证.

36. [IMO 2003] $ABCD$为圆内接四边形，点P、Q、R分别为D到BC、CA、AB的垂足. 求证：当且仅当$\angle ABC$、$\angle ADC$的角平分线与AC共点时，$PQ = QR$.

    证明. 因为当且仅当两条角平分线以相同的比例分割AC时，三条线共点，于是我们依照这个思路完成本题.

    在△ABC和△ADC中，通过角平分线定理可将本题结论等价转化为

    $$\frac{AD}{CD} = \frac{AB}{BC}$$

    接下来我们专注于这个等式. 可以注意到点D、Q、P、C都在以DC为直径的圆上，类似地，点D、Q、A、R在以AD为直径的圆上. 这使我们能够通

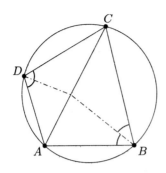
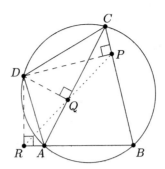

过扩展的正弦定理找到弦PQ和QR的长度，即

$$\frac{PQ}{\sin \angle QCP} = CD, \qquad \frac{QR}{\sin \angle QAR} = AD$$

因为$\sin \angle QCP = \sin \angle ACB$，且$\sin \angle QAR = \sin \angle BAC$，所以，当且仅当

$$\frac{AD}{CD} = \frac{\sin \angle ACB}{\sin \angle BAC} = \frac{AB}{BC}$$

时，$PQ = QR$. 其中，最右边的等式即为在$\triangle ABC$中的正弦定理表达式. 前边已经说明了，这个比例关系就等价于题目所求证的内容.

因此，结论得证.

注释. 在整个证明过程中，并不需要$ABCD$为圆内接四边形这一条件.

37. 四边形$ABCD$外接圆上有一点X. 点E、F、G、H分别为X在AB、BC、CD、DA上的投影. 求证

$$BE \cdot CF \cdot DG \cdot AH = AE \cdot BF \cdot CG \cdot DH$$

证明. 我们进一步作X到BD的投影，设垂足为Z. 应用例题15 的西摩松线，推导出点E、Z、H和点Z、G、F分别共线.

为了得到涉及如此多元素的相等关系，我们需要使用梅涅劳斯定理两次，一次是对$\triangle BAD$和点E、Z、H，另一次是对$\triangle BCD$和点Z、G、F，得到

$$\frac{BZ}{DZ} \cdot \frac{DH}{AH} \cdot \frac{AE}{BE} = 1$$

和

$$\frac{BZ}{DZ} \cdot \frac{DG}{CG} \cdot \frac{CF}{BF} = 1$$

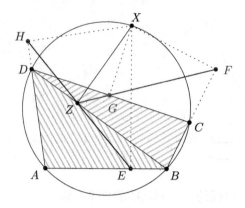

于是，BZ/DZ 可分别被表示为

$$\frac{AH}{DH}\cdot\frac{BE}{AE}=\frac{BZ}{DZ}=\frac{CG}{DG}\cdot\frac{BF}{CF}.$$

展开后即得到所求等式关系.

38. Newton-Gauss[①] line 牛顿—高斯线

$ABCD$ 为凸四边形，点 Q 为直线 AD、BC 的交点，点 R 为直线 AB、CD 的交点. 设 X、Y、Z 分别为 AC、BD、QR 的中点. 求证：点 X、Y、Z 共线.

证明. 在证明涉及中点的共线问题时，应该想到使用梅涅劳斯定理. 但是在哪个三角形中使用呢？我们通过增加几个中点来找到适合的三角形，同时也期望构造出中位线. 本题中，$\triangle ABQ$ 中边线的中点是不错的选择.

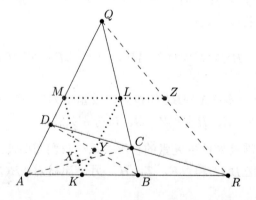

我们说：如果设 K、L、M 为 AB、BQ、QA 的中点，则点 X、Y、Z 在 $\triangle KLM$ 的边（很可能是延长线）上. 事实上，因为 ML、LZ 分别为 $\triangle QAB$、$\triangle QBR$ 的中位线，它们都平行于 AB，因此点 M、L、Z 共线. 同理可得 M、X、K 共线，以及 K、Y、L 共线.

[①] Johann Carl Friedrich Gauss (1777 — 1855) 德国数学家、物理学家.

现在，为了在 $\triangle KLM$ 中使用梅涅劳斯定理证明 X、Y、Z 共线，我们需要证明

$$\frac{MX}{XK} \cdot \frac{KY}{YL} \cdot \frac{LZ}{ZM} = 1$$

由于中位线长度是对应边长度的一半，这个比例关系也"投影"到 $\triangle ABQ$ 的边上，于是得到

$$\frac{MX}{XK} = \frac{QC}{CB}, \qquad \frac{KY}{YL} = \frac{AD}{DQ}, \qquad \frac{LZ}{ZM} = \frac{BR}{RA}$$

于是我们不用去考虑中点了，只需证明以下关于 A、B、C、D、P 和 Q 的等式，即

$$\frac{QC}{CB} \cdot \frac{BR}{RA} \cdot \frac{AD}{DQ} = 1$$

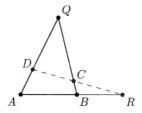

在 $\triangle ABQ$ 中，点 D、C、R 共线，因此由梅涅劳斯定理即可证明以上等式成立，于是我们可以为结论得证而庆祝了.

39. [Moscow Math Olympiad 莫斯科数学奥林匹克2009] 在锐角 $\triangle ABC$ 中，A-旁切圆与 BC 相切于点 A_1、B-旁切圆与 AC 相切于点 B_1. 点 H_1、H_2 分别为 $\triangle CAA_1$、$\triangle CBB_1$ 的垂心. 求证：H_1H_2 垂直于 $\angle ACB$ 的角平分线.

证明. 首先，我们把垂心 H_1 看成高 AA' 与高 A_1A_1' 的交点，把垂心 H_2 看成高 BB' 与高 B_1B_1' 的交点.

使用命题15(c)，把 A_1 和 B_1 是旁切圆切点这一信息利用起来，得到 $AB_1 = \frac{1}{2}(a+b-c) = BA_1$.

注意到，$\angle C$ 是由线段 AB_1 和 $A'B_1'$ 围成的，也是由 BA_1 和 $B'A_1'$ 围成的. 因此，将相等的线段 AB_1 和 BA_1 投影到直线 BC、AC 上，可得

$$A'B_1' = AB_1 \cos \angle C = BA_1 \cos \angle C = B'A_1'$$

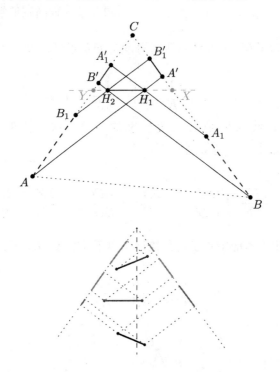

现在关注线段 H_1H_2，刚刚已经证明它在 AC 和 BC 上的投影长度相等. 将 $\angle BCA$ 的角平分线竖直放置，看起来似乎如果 H_1H_2 是斜的，则它在两边的投影将不一样长. 下面我们来严格证明这一点.

因为 $\angle C$ 为锐角，并且点 C、B_1、A 以及 C、A_1、B 依此顺序排列在 $\angle C$ 的两个边上，设直线 H_1H_2 分别与线段 BC、AC 相交于点 X、Y.

如之前用过的方法，得到

$$\cos \angle CXY = \frac{A'B'_1}{H_1H_2} = \frac{B'A'_1}{H_1H_2} = \cos \angle XYC$$

于是，$\angle CXY = \angle XYC$，$\triangle CXY$ 为等腰三角形，因此底边与 $\angle BCA$ 的角平分线垂直.

40. [China 中国 1997] 圆 ω 的圆心为 O，与两个内切圆的切点分别为 S 和 T，且 S、T 的连线不是直径. 设两个内切圆相交于点 M 和 N，其中 N 离 ST 更近. 求证：当且仅当点 S、N、T 共线时，$OM \perp MN$.

证明. 为了利用相切关系，过点 S 和 T 分别作圆的公切线，且设两条直线交点为 X. 因为 $XS = XT$，X 到两个小圆的幂相等，因此它在两个小圆的根轴 MN 上.

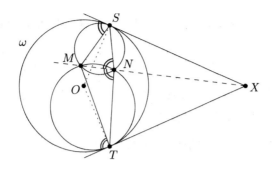

$OM \perp MN$等价于$\angle OMX = 90°$. 因为点S和T都在以OX为直径的圆上，所以，当且仅当点S、M、T、X共圆时，$\angle OMX = 90°$.

另一方面，因为相切，由命题34可得，$\angle SNM = 180° - \angle MSX$，且$\angle MNT = 180° - \angle XTM$. 两式相加可得，当且仅当$SMTX$为圆内接四边形时，点$S$、$N$、$T$共线.

综合以上两部分，结论得证.

41. 四边形$ABCD$有一内切圆ω，在AB、BC、CD、DA边上的切点分别为K、L、M、N. 求证：直线AC、BD、KM、LN共点.

证明. 首先，因为相切，由命题34，$\angle DMK$和$\angle MKA$对应圆ω上相同的弧MK，于是$\angle DMK = \angle MKA$. 我们的策略是使用比例和正弦定理.

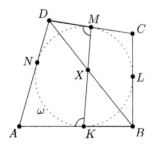 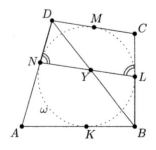

设KM与BD相交于点X. 我们想要找到BD被X划分的比例.

在$\triangle XMD$和$\triangle KBX$中，由正弦定理可得

$$DX = MD \cdot \frac{\sin \angle DMX}{\sin \angle MXD}, \qquad XB = KB \cdot \frac{\sin \angle BKX}{\sin \angle KXB}$$

因为$\sin \angle DMX = \sin \angle BKX$，于是

$$\frac{DX}{XB} = \frac{MD}{KB}$$

接下来，设 BD 与 NL 相交于点 Y，然后找到 BD 被它划分的比例. 类似地，可得

$$\frac{DY}{YB} = \frac{ND}{LB}$$

针对 B、D 两点，由切线长相等可得，以上两个等式等号右边相等，因此 $Y = X$，即 BD、KM、LN 共点.

用相同的方法可以证明 AC、KM、LN 共点.

42. **正交三角形**

$\triangle ABC$ 和 $\triangle A'B'C'$ 为平面内的两个三角形. 求证：当且仅当 A 到 $B'C'$ 的垂线、B 到 $C'A'$ 的垂线、C 到 $A'B'$ 的垂线共点时，A' 到 BC 的垂线、B' 到 CA 的垂线、C' 到 AB 的垂线（垂足分别为 X、Y、Z）共点.

证明. 由卡诺定理（见入门题49），当且仅当

$$BX^2 + CY^2 + AZ^2 = CX^2 + AY^2 + BZ^2$$

时，$\triangle ABC$ 三边上分别以 X、Y、Z 为垂足的垂线交于一点.

接下来，我们重写这个等式，使它与 A'、B'、C' 产生关联.

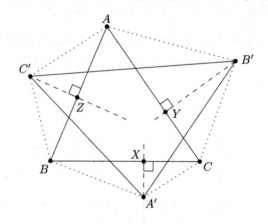

因为 $A'X \perp BC$，由命题22可得

$$BX^2 - CX^2 = A'B^2 - A'C^2$$

同理

$$CY^2 - AY^2 = B'C^2 - B'A^2, \quad AZ^2 - BZ^2 = C'A^2 - C'B^2$$

因此，由卡诺定理得到的等式等价于

$$A'B^2 + B'C^2 + C'A^2 = B'A^2 + C'B^2 + A'C^2$$

其余要做的就是用相同的方法找到分别从 A、B、C 到 $\triangle A'B'C'$ 三边的垂线共点的等价条件,而所找到的等价条件与上式相同,于是结论得证.

43. [All-Russian Olympiad 全俄奥林匹克1994] $\triangle ABC$ 的三条中位线长分别为 m_a、m_b、m_c,外接圆半径为 R. 求证

$$\frac{b^2+c^2}{m_a}+\frac{c^2+a^2}{m_b}+\frac{a^2+b^2}{m_c} \leqslant 12R$$

证明. 我们避免纯几何方式的大量计算,但是这里需要设计巧妙的思路!将题目中的不等式除以2,并使用中线公式(见推论24). 于是不等式中的每一项可重写为

$$\frac{b^2+c^2}{2m_a}=\frac{\frac{1}{2}(b^2+c^2)-\frac{a^2}{4}}{m_a}+\frac{a^2}{4m_a}=m_a+\frac{a^2}{4m_a}$$

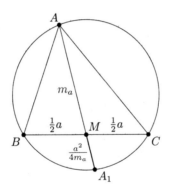

接下来明智的做法是应用点到圆的幂. 设 BC 的中点为 M,中线延长线与外接圆 ω 二次相交于点 A_1. 则点 M 到圆 ω 的幂为

$$\frac{a^2}{4}=MB\cdot MC=m_a\cdot MA_1$$

于是

$$MA_1=\frac{a^2}{4m_a}$$

所以

$$\frac{b^2+c^2}{2m_a}=m_a+MA_1=AA_1\leqslant 2R$$

其中,因为直径是最长的弦,所以不等关系成立.

对其余两个分式作相似的变换后三式相加,即可完成证明.

44. [Paul Erdős] 求证：在锐角△ABC中，$r + R \leq h$，其中r、R、h分别为内径、外径和最长的高。

证明. 设△ABC的内心为I，点D、E、F分别为内切圆在边BC、CA、AB上的切点. 则线段ID、IE、IF把△ABC 分为三个四边形.

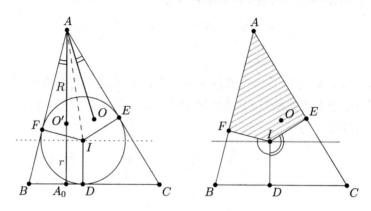

因为△ABC为锐角三角形，所以外心O在三角形内. 不失一般性，设它在四边形$AFIE$内（或边线上）.将BC水平放置，且点A在图形顶部，对应的高为AA_0.于是，只需证明$r + R \leq AA_0$.

因为四边形$AFIE$关于AI对称，所以点O和它关于AI的镜射点O'都在四边形$AFIE$ 内. 并且由命题47（HO相伴），点O'在高AA_0上.

接下来需要证明的就是$A_0O' \geq DI$. 这是显而易见的. 因为$\angle B$和$\angle C$都是锐角，所以$\angle DIE$和$\angle DIF$为钝角，于是点I是四边形$AFIE$中的"最低点"．因此，四边形$AFIE$ 内的点O'不可能在点I 的下方.由此可完成证明.

45. [USAMO 2012, Titu Andreescu and Cosmin Pohoață] P为与△ABC同平面的点，直线l经过点P. 点A'、B'、C'分别为直线PA、PB、PC 关于直线l的镜射与直线BC、AC、AB的交点. 求证：点A'、B'、C'共线.

证明. 首先，如果A'、B'、C'中的任一点与三角形顶点重合，例如$A' = C$，则AP与CP关于l对称，因此，$C' = A$，于是，A'、B'、C'都在AC上.

对于一般情况，我们想要使用梅涅劳斯定理.

从$BA'/A'C$开始．由命题18比例引理，有

$$\frac{BA'}{A'C} = \frac{BP}{CP} \cdot \frac{\sin \angle BPA'}{\sin \angle A'PC}$$

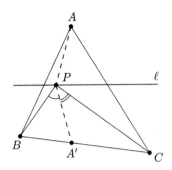 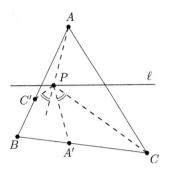

现在关键的步骤是，由于关于ℓ对称，则$\angle(C'P, PA) = -\angle(CP, PA')$. 因此
$$\sin\angle APC' = \sin\angle A'PC$$
于是比例引理可重写为
$$\frac{BA'}{A'C} = \frac{BP}{CP} \cdot \frac{\sin\angle BPA'}{\sin\angle APC'}$$

由此不难看出只要用相同的方式表示出$CB'/B'A$和$AC'/C'B$，并把它们带入梅涅劳斯定理，这些都可以消掉，即

$$\frac{BA'}{A'C} \cdot \frac{CB'}{B'A} \cdot \frac{AC'}{C'B}$$
$$= \frac{BP}{CP} \cdot \frac{\sin\angle BPA'}{\sin\angle APC'} \cdot \frac{CP}{AP} \cdot \frac{\sin\angle CPB'}{\sin\angle BPA'} \cdot \frac{AP}{BP} \cdot \frac{\sin\angle APC'}{\sin\angle CPB'}$$
$$= 1$$

因为我们使用的是无向角版本的梅涅劳斯定理，所以最后一个需要考虑的问题是验证点A'、B'、C'中没有或有两个点落在$\triangle ABC$的边上. 为此，我们使用有向角.

分别用α、β和γ表示$\angle(AP, \ell)$、$\angle(BP, \ell)$和$\angle(CP, \ell)$. 可以看出，当且仅当
$$\beta > 180° - \alpha > \gamma$$
或等价的
$$\beta + \alpha > 180° > \gamma + \alpha$$
时，PA'位于BP与CP之间，即A'位于线段BC上，这里不再考虑$\mod 180°$.

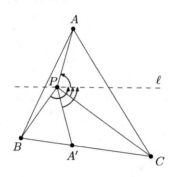

B' 和 C' 的情况也相同. 由此很容易看出它们中要么没有点，要么同时有两点落在 $\triangle ABC$ 的边上.

46. 在不等边 $\triangle ABC$ 中，BC 为其中最长边. 点 K 在射线 CA 上，且满足 $KC = BC$. 类似地，点 L 在射线 BA 上且满足 $BL = BC$. 求证：KL 垂直于 OI，其中 O、I 分别为 $\triangle ABC$ 的外心和内心.

证明. 设 $\triangle ABC$ 的外接圆为 Ω、内切圆为 ω. 由于当点 X 的轨迹满足 $p(X,\Omega) - p(X,\omega)$ 是常数时，轨迹与 OI 垂直（见入门题53），因此只需证明

$$p(K,\Omega) - p(K,\omega) = p(L,\Omega) - p(L,\omega)$$

设内切圆分别与边 BC、CA、AB 相切于点 D、E、F，所有的点到圆的幂很容易用 xyz 表示出来，这样便把题目简化为直接的代数题了. 由关于 $\angle C$ 角的平分线的对称性，我们可简单地设 $KE = BD = y$，计算得

$$p(K,\Omega) - p(K,\omega) = KA \cdot KC - KE^2 = (y-x)(y+z) - y^2$$
$$= yz - x(y+z)$$

由于最终的表达式对于 y 和 z 是对称的，于是结论得证.

47. [USAMO 1991] D 为 $\triangle ABC$ 中 BC 边上的任意点，$\triangle ABD$、$\triangle ACD$ 的内切圆的另一条外公切线与 AD 相交于点 E. D 可取 B 和 C 之间所有可能的点，求证：E 的轨迹为圆上的一段弧.

证明. 首先，当点 D 接近点 C 时，容易看出点 E 逐渐成为 $\triangle ABC$ 内切圆与边 AC 的切点. 类似地，当点 D 接近点 B 时，点 E 趋近于 $\triangle ABC$ 内切圆与边 AB 的切点. 因此，顺其自然地我们预测所求轨迹是以 A 为圆心，$x = \frac{1}{2}(b+c-a)$ 为半径（见命题15）的圆位于 $\triangle ABC$ 内的弧.

一旦有了初步推测，接下来只需找到仅用边长 a、b、c 表示 AE 的方法，这个表达式应该与 D 的具体位置无关.

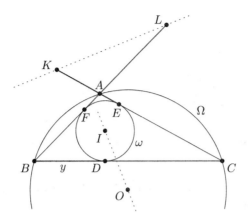

设△ABD、△ACD的内切圆与BC相切的切点分别为T、U，点D到三个顶点的距离分别为$DA = d$、$DB = m$、$DC = n$，由命题13(b)，可得$DE = TU$.因此

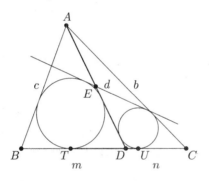

$$AE = d - ED = d - TU = d - (DT + DU)$$

因为$DT = \frac{1}{2}(d+m-c)$，并且$DU = \frac{1}{2}(d+n-b)$，于是正如所料

$$AE = \frac{1}{2}(b+c-m-n) = \frac{1}{2}(b+c-a)$$

由此可完成证明.

48. [IMO 2009] 在△ABC中，点O为外心，P、Q分别为边CA、AB上一点，K、L、M分别为线段BP、CQ、PQ的中点，圆Γ经过点K、L和M. 假设直线PQ与圆Γ相切. 求证：$OP = OQ$.

证明. 不需画出圆Γ，由命题34，我们把相切关系表示为

$$\angle MLK = \angle QMK, \qquad \angle LKM = \angle LMP$$

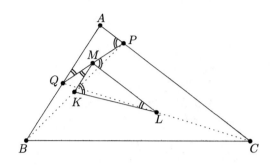

接下来，因为MK是$\triangle BPQ$的中位线，ML是$\triangle CQP$的中位线，于是采用追角法得到

$$\angle MLK = \angle QMK = \angle MQA$$

同理，$\angle LKM = \angle APQ$.于是由角角判定，$\triangle AQP$与$\triangle MLK$相似. 由比例可知

$$\frac{AP}{AQ} = \frac{MK}{ML} = \frac{\frac{1}{2}QB}{\frac{1}{2}PC}$$

重写后得到$AP \cdot PC = AQ \cdot QB$.

于是，点P和Q到$\triangle ABC$的外接圆的幂相等，则由命题40(a)，它们到圆心O的距离相等.结论得证.

49. [IMO 1995 短名单] $\triangle ABC$为非直角三角形.圆ω经过点B和C，并分别与边AB、AC二次相交于点C'、B'. 求证：BB'、CC'、HH'共点，其中，H和H'分别为$\triangle ABC$和$\triangle AB'C'$的垂心.

证法1. 将入门题51的结论分别应用于以H为垂心的$\triangle ABC$及其塞瓦线BB'和CC'和以H'为垂心的$\triangle AB'C'$及其塞瓦线$B'B$和$C'C$中，可知：

直线HH'是以BB'为直径的圆和以CC'为直径的圆的根轴，分别用ω_b和ω_c表示这两个圆，并且，BB'就是ω与ω_b的根轴，CC'是ω与ω_c的根轴. 由命题42可知，三个圆中两两之间的根轴（共三条）相交于根心，证毕.

证法2. 设$P = BB' \cap CC'$, $X = BH \cap CC'$, $Y = CH \cap BB'$.

逆平行是本解法的关键.

AC、AB的垂线BH、CH关于$\angle BAC$逆平行，因此由于$BCB'C'$为圆内接四边形，所以由推论36，BH、CH也关于$\angle BPC$逆平行. 则$B'C'$和XY都与BC关于$\angle BPC$逆平行，于是$XY // B'C'$.

此外，因为BH和$C'H'$都垂直于AC，所以$BH // C'H'$.类似地，$CH // B'H'$.于是$\triangle HXY$与$\triangle H'C'B'$的对应边都平行，则四边形$PYHX$与$PB'H'C'$相似.

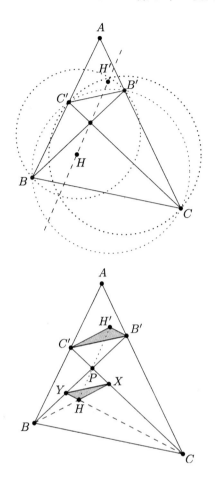

由于PH与PH'相对应，二者也互相平行，于是HH'经过点P，结论得证.

50. [USA TST 2000, Titu Andreescu] $\triangle ABC$的外径为R，P为三角形内一点. 求证
$$\frac{AP}{a^2}+\frac{BP}{b^2}+\frac{CP}{c^2}\geqslant\frac{1}{R}$$

证明. 设点P在BC、CA、AB上的投影分别为点X、Y、Z，套用"厄多斯-门德尔不等式证明的关键点"，即
$$PA\sin\angle A\geqslant PY\sin\angle C+PZ\sin\angle B$$
这个不等式比较了YZ及它在BC上投影的长度.

通过在$\triangle ABC$中应用扩展的正弦定理，表示出每一个正弦值，消除$2R$后，得到
$$aPA\geqslant cPY+bPZ$$

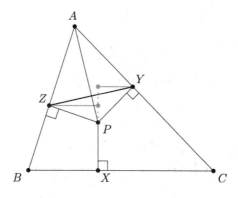

或

$$\frac{PA}{a^2} \geqslant PY \cdot \frac{c}{a^3} + PZ \cdot \frac{b}{a^3}$$

同理可得

$$\frac{PB}{b^2} \geqslant PZ \cdot \frac{a}{b^3} + PZ \cdot \frac{c}{b^3}$$

$$\frac{PC}{c^2} \geqslant PX \cdot \frac{b}{c^3} + PY \cdot \frac{a}{c^3}$$

将以上不等式相加，并对括号中的项应用均值不等式，最后应用带有外径的面积公式（见命题25），用"LHS"表示原不等式中不等号左边部分，可得

$$LHS \geqslant PX\left(\frac{b}{c^3} + \frac{c}{b^3}\right) + PY\left(\frac{c}{a^3} + \frac{a}{c^3}\right) + PZ\left(\frac{a}{b^3} + \frac{b}{a^3}\right)$$

$$\geqslant \frac{2 \cdot PX}{bc} + \frac{2 \cdot PY}{ca} + \frac{2 \cdot PZ}{ab} = \frac{4[ABC]}{abc} = \frac{1}{R}$$

这正是所求证的结论.

在第一步中，当垂足连线平行于三角形的边时，取等号，而当且仅当P是$\triangle ABC$的外心时，平行关系成立. 在均值不等式中，取等号的条件是$a = b = c$. 因此，当且仅当$\triangle ABC$为正三角形且P为其中心时，取等号.

51. [USAMO 2010, Titu Andreescu] 凸五边形$AXYZB$内接于以AB为直径的半圆. 点P、Q、R、S分别是Y在AX、BX、AZ、BZ上的垂足. 求证：直线PQ与RS所成的锐角是$\angle ZOX$的一半，其中O是线段AB的中点.

证明. 由经过两个垂足的直线，我们应该想到使用西摩松线（见例题15）.

设Y在直线AB上的垂足为T. 直线PQ为点Y相对于$\triangle ABX$的西摩松线，因此它经过点T. 同理，$T \in RS$.

第 5 章 提高题的解答 ■ 155

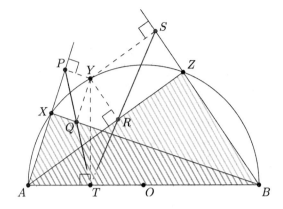

另一方面，∠ZOX是劣弧XZ对应的圆心角，它的一半就是对应的圆周角．因此，只需证明∠RTP = ∠RAP．因为点A、T、R、P都在以AY为直径的圆上，于是∠RTP = ∠RAP．

由此，结论得证．

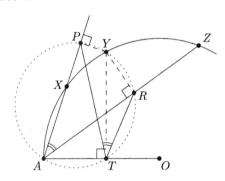

52. [Japan 日本2012] 在△PAB和△PCD中，PA = PB，PC = PD．点P、A、C和B、P、D分别共线并依次排列．圆ω_1经过点A和点C，圆ω_2经过点B和点D，两圆相交于两点X和Y．O_1、O_2分别为两圆的圆心．求证：△PXY 的外心是O_1、O_2连线的中点．

证明． 无论你信或不信，这个题目只需一句话就可以完成证明：

如果一个动点到两个已知圆的幂之和是固定值，那么由入门题目53(b)可知，这样的点的轨迹是以这两个已知圆圆心连线中点为圆心的圆．于是本题只需证明

$$p(X, \omega_1) + p(X, \omega_2) = 0 + 0 = 0, \qquad p(Y, \omega_1) + p(Y, \omega_2) = 0 + 0 = 0$$

并且

$$p(P, \omega_1) + p(P, \omega_2) = PA \cdot PC + (-PB \cdot PD) = 0$$

结论得证.

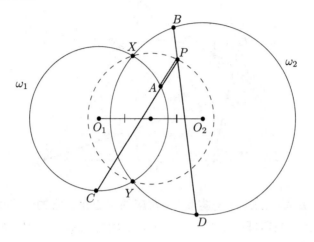

53. [IMO 2012, Josef Tkadlec] 在 $\triangle ABC$ 中，$\angle BCA = 90°$，点 D 为以 C 为顶点的高的垂足. X 为线段 CD 上一点, K 为线段 AX 上一点，且满足 $BK = BC$. 类似地，L 为线段 BX 上一点，且满足 $AL = AC$. M 为 AL 与 BK 的交点. 求证：$MK = ML$.

证明. 设 ω_a 为以 A 为圆心且经过点 L 的圆，ω_b 为以 B 为圆心且经过点 K 的圆.

因为 $BC = BK$，且 $AC = AL$，于是这些圆都经过点 C. 由于 $\angle C$ 为直角，则 ω_a 与 BC 相切，并且 ω_b 与 AC 相切. 进而 ω_a 与 ω_b 的根轴经过点 C 并垂直于 AB，也就是 CD.

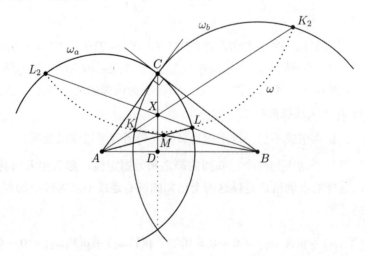

因此，若 AX 与 ω_b 二次相交于点 K_2，BX 与 ω_a 二次相交于点 L_2，则由根引理（见命题43），L_2KLK_2 为圆内接四边形，设其外接圆为 ω. 由点 A 到

圆ω_b的幂可得
$$AK \cdot AK_2 = AC^2 = AL^2$$

因此，AL（ML）与ω相切.同理，MK与ω相切.由切线长相等，则$MK = ML$.

刘培杰数学工作室
已出版(即将出版)图书目录——初等数学

书　名	出版时间	定　价	编号
新编中学数学解题方法全书(高中版)上卷(第2版)	2018—08	58.00	951
新编中学数学解题方法全书(高中版)中卷(第2版)	2018—08	68.00	952
新编中学数学解题方法全书(高中版)下卷(一)(第2版)	2018—08	58.00	953
新编中学数学解题方法全书(高中版)下卷(二)(第2版)	2018—08	58.00	954
新编中学数学解题方法全书(高中版)下卷(三)(第2版)	2018—08	68.00	955
新编中学数学解题方法全书(初中版)上卷	2008—01	28.00	29
新编中学数学解题方法全书(初中版)中卷	2010—07	38.00	75
新编中学数学解题方法全书(高考复习卷)	2010—01	48.00	67
新编中学数学解题方法全书(高考真题卷)	2010—01	38.00	62
新编中学数学解题方法全书(高考精华卷)	2011—03	68.00	118
新编平面解析几何解题方法全书(专题讲座卷)	2010—01	18.00	61
新编中学数学解题方法全书(自主招生卷)	2013—08	88.00	261
数学奥林匹克与数学文化(第一辑)	2006—05	48.00	4
数学奥林匹克与数学文化(第二辑)(竞赛卷)	2008—01	48.00	19
数学奥林匹克与数学文化(第二辑)(文化卷)	2008—07	58.00	36'
数学奥林匹克与数学文化(第三辑)(竞赛卷)	2010—01	48.00	59
数学奥林匹克与数学文化(第四辑)(竞赛卷)	2011—08	58.00	87
数学奥林匹克与数学文化(第五辑)	2015—06	98.00	370
世界著名平面几何经典著作钩沉——几何作图专题卷(共3卷)	2022—01	198.00	1460
世界著名平面几何经典著作钩沉(民国平面几何老课本)	2011—03	38.00	113
世界著名平面几何经典著作钩沉(建国初期平面三角老课本)	2015—08	38.00	507
世界著名解析几何经典著作钩沉——平面解析几何卷	2014—01	38.00	264
世界著名数论经典著作钩沉(算术卷)	2012—01	28.00	125
世界著名数学经典著作钩沉——立体几何卷	2011—02	28.00	88
世界著名三角学经典著作钩沉(平面三角卷Ⅰ)	2010—06	28.00	69
世界著名三角学经典著作钩沉(平面三角卷Ⅱ)	2011—01	38.00	78
世界著名初等数论经典著作钩沉(理论和实用算术卷)	2011—07	38.00	126
世界著名几何经典著作钩沉(解析几何卷)	2022—10	68.00	1564
发展你的空间想象力(第3版)	2021—01	98.00	1464
空间想象力进阶	2019—05	68.00	1062
走向国际数学奥林匹克的平面几何试题诠释.第1卷	2019—07	88.00	1043
走向国际数学奥林匹克的平面几何试题诠释.第2卷	2019—09	78.00	1044
走向国际数学奥林匹克的平面几何试题诠释.第3卷	2019—03	78.00	1045
走向国际数学奥林匹克的平面几何试题诠释.第4卷	2019—09	98.00	1046
平面几何证明方法全书	2007—08	48.00	1
平面几何证明方法全书习题解答(第2版)	2006—12	18.00	10
平面几何天天练上卷·基础篇(直线型)	2013—01	58.00	208
平面几何天天练中卷·基础篇(涉及圆)	2013—01	28.00	234
平面几何天天练下卷·提高篇	2013—01	58.00	237
平面几何专题研究	2013—07	98.00	258
平面几何解题之道.第1卷	2022—05	38.00	1494
几何学习题集	2020—10	48.00	1217
通过解题学习代数几何	2021—04	88.00	1301
圆锥曲线的奥秘	2022—06	88.00	1541

刘培杰数学工作室
已出版(即将出版)图书目录——初等数学

书　　名	出版时间	定　价	编号
最新世界各国数学奥林匹克中的平面几何试题	2007—09	38.00	14
数学竞赛平面几何典型题及新颖解	2010—07	48.00	74
初等数学复习及研究(平面几何)	2008—09	68.00	38
初等数学复习及研究(立体几何)	2010—06	38.00	71
初等数学复习及研究(平面几何)习题解答	2009—01	58.00	42
几何学教程(平面几何卷)	2011—03	68.00	90
几何学教程(立体几何卷)	2011—07	68.00	130
几何变换与几何证题	2010—06	88.00	70
计算方法与几何证题	2011—06	28.00	129
立体几何技巧与方法(第2版)	2022—10	168.00	1572
几何瑰宝——平面几何500名题暨1500条定理(上、下)	2021—07	168.00	1358
三角形的解法与应用	2012—07	18.00	183
近代的三角形几何学	2012—07	48.00	184
一般折线几何学	2015—08	48.00	503
三角形的五心	2009—06	28.00	51
三角形的六心及其应用	2015—10	68.00	542
三角形趣谈	2012—08	28.00	212
解三角形	2014—01	28.00	265
探秘三角形:一次数学旅行	2021—10	68.00	1387
三角学专门教程	2014—09	28.00	387
图天下几何新题试卷.初中(第2版)	2017—11	58.00	855
圆锥曲线习题集(上册)	2013—06	68.00	255
圆锥曲线习题集(中册)	2015—01	78.00	434
圆锥曲线习题集(下册·第1卷)	2016—10	78.00	683
圆锥曲线习题集(下册·第2卷)	2018—01	98.00	853
圆锥曲线习题集(下册·第3卷)	2019—10	128.00	1113
圆锥曲线的思想方法	2021—08	48.00	1379
圆锥曲线的八个主要问题	2021—10	48.00	1415
论九点圆	2015—05	88.00	645
近代欧氏几何学	2012—03	48.00	162
罗巴切夫斯基几何学及几何基础概要	2012—07	28.00	188
罗巴切夫斯基几何学初步	2015—06	28.00	474
用三角、解析几何、复数、向量计算解数学竞赛几何题	2015—03	48.00	455
用解析法研究圆锥曲线的几何理论	2022—05	48.00	1495
美国中学几何教程	2015—04	88.00	458
三线坐标与三角形特征点	2015—04	98.00	460
坐标几何学基础.第1卷,笛卡儿坐标	2021—08	48.00	1398
坐标几何学基础.第2卷,三线坐标	2021—09	28.00	1399
平面解析几何方法与研究(第1卷)	2015—05	28.00	471
平面解析几何方法与研究(第2卷)	2015—06	38.00	472
平面解析几何方法与研究(第3卷)	2015—07	28.00	473
解析几何研究	2015—01	38.00	425
解析几何学教程.上	2016—01	38.00	574
解析几何学教程.下	2016—01	38.00	575
几何学基础	2016—01	58.00	581
初等几何研究	2015—02	58.00	444
十九和二十世纪欧氏几何学中的片段	2017—01	58.00	696
平面几何中考.高考.奥数一本通	2017—07	28.00	820
几何学简史	2017—08	28.00	833
四面体	2018—01	48.00	880
平面几何证明方法思路	2018—12	68.00	913
折纸中的几何练习	2022—09	48.00	1559
中学新几何学(英文)	2022—10	98.00	1562
线性代数与几何	2023—04	68.00	1633
四面体几何学引论	2023—06	68.00	1648

刘培杰数学工作室
已出版(即将出版)图书目录——初等数学

书　　名	出版时间	定　价	编号
平面几何图形特性新析.上篇	2019—01	68.00	911
平面几何图形特性新析.下篇	2018—06	88.00	912
平面几何范例多解探究.上篇	2018—04	48.00	910
平面几何范例多解探究.下篇	2018—12	68.00	914
从分析解题过程学解题:竞赛中的几何问题研究	2018—07	68.00	946
从分析解题过程学解题:竞赛中的向量几何与不等式研究(全2册)	2019—06	138.00	1090
从分析解题过程学解题:竞赛中的不等式问题	2021—01	48.00	1249
二维、三维欧氏几何的对偶原理	2018—12	38.00	990
星形大观及闭折线论	2019—03	68.00	1020
立体几何的问题和方法	2019—11	58.00	1127
三角代换论	2021—05	58.00	1313
俄罗斯平面几何问题集	2009—08	88.00	55
俄罗斯立体几何问题集	2014—03	58.00	283
俄罗斯几何大师——沙雷金论数学及其他	2014—01	48.00	271
来自俄罗斯的5000道几何习题及解答	2011—03	58.00	89
俄罗斯初等数学问题集	2012—05	38.00	177
俄罗斯函数问题集	2011—03	38.00	103
俄罗斯组合分析问题集	2011—01	48.00	79
俄罗斯初等数学万题选——三角卷	2012—11	38.00	222
俄罗斯初等数学万题选——代数卷	2013—08	68.00	225
俄罗斯初等数学万题选——几何卷	2014—01	68.00	226
俄罗斯《量子》杂志数学征解问题100题选	2018—08	48.00	969
俄罗斯《量子》杂志数学征解问题又100题选	2018—08	48.00	970
俄罗斯《量子》杂志数学征解问题	2020—05	48.00	1138
463个俄罗斯几何老问题	2012—01	28.00	152
《量子》数学短文精粹	2018—09	38.00	972
用三角、解析几何等计算解来自俄罗斯的几何题	2019—11	88.00	1119
基谢廖夫平面几何	2022—01	48.00	1461
基谢廖夫立体几何	2023—04	48.00	1599
数学:代数、数学分析和几何(10—11年级)	2021—01	48.00	1250
直观几何学:5—6年级	2022—04	58.00	1508
几何学:第2版.7—9年级	2023—03	68.00	1684
平面几何:9—11年级	2022—10	48.00	1571
立体几何.10—11年级	2022—01	58.00	1472

书　　名	出版时间	定　价	编号
谈谈素数	2011—03	18.00	91
平方和	2011—03	18.00	92
整数论	2011—05	38.00	120
从整数谈起	2015—10	28.00	538
数与多项式	2016—01	38.00	558
谈谈不定方程	2011—05	28.00	119
质数漫谈	2022—07	68.00	1529

书　　名	出版时间	定　价	编号
解析不等式新论	2009—06	68.00	48
建立不等式的方法	2011—03	98.00	104
数学奥林匹克不等式研究(第2版)	2020—07	68.00	1181
不等式研究(第三辑)	2023—08	198.00	1673
不等式的秘密(第一卷)(第2版)	2014—02	38.00	286
不等式的秘密(第二卷)	2014—01	38.00	268
初等不等式的证明方法	2010—06	38.00	123
初等不等式的证明方法(第二版)	2014—11	38.00	407
不等式·理论·方法(基础卷)	2015—07	38.00	496
不等式·理论·方法(经典不等式卷)	2015—07	38.00	497
不等式·理论·方法(特殊类型不等式卷)	2015—07	48.00	498
不等式探究	2016—03	38.00	582
不等式探秘	2017—01	88.00	689
四面体不等式	2017—01	68.00	715
数学奥林匹克中常见重要不等式	2017—09	38.00	845

刘培杰数学工作室
已出版(即将出版)图书目录——初等数学

书　名	出版时间	定　价	编号
三正弦不等式	2018—09	98.00	974
函数方程与不等式:解法与稳定性结果	2019—04	68.00	1058
数学不等式.第1卷,对称多项式不等式	2022—05	78.00	1455
数学不等式.第2卷,对称有理不等式与对称无理不等式	2022—05	88.00	1456
数学不等式.第3卷,循环不等式与非循环不等式	2022—05	88.00	1457
数学不等式.第4卷,Jensen不等式的扩展与加细	2022—05	88.00	1458
数学不等式.第5卷,创建不等式与解不等式的其他方法	2022—05	88.00	1459
不定方程及其应用.上	2018—12	58.00	992
不定方程及其应用.中	2019—01	78.00	993
不定方程及其应用.下	2019—02	98.00	994
Nesbitt不等式加强式的研究	2022—06	128.00	1527
最值定理与分析不等式	2023—02	78.00	1567
一类积分不等式	2023—02	88.00	1579
邦费罗尼不等式及概率应用	2023—05	58.00	1637
同余理论	2012—05	38.00	163
[x]与{x}	2015—04	48.00	476
极值与最值.上卷	2015—06	28.00	486
极值与最值.中卷	2015—06	38.00	487
极值与最值.下卷	2015—06	28.00	488
整数的性质	2012—11	38.00	192
完全平方数及其应用	2015—08	78.00	506
多项式理论	2015—10	88.00	541
奇数、偶数、奇偶分析法	2018—01	98.00	876
历届美国中学生数学竞赛试题及解答(第一卷)1950—1954	2014—07	18.00	277
历届美国中学生数学竞赛试题及解答(第二卷)1955—1959	2014—04	18.00	278
历届美国中学生数学竞赛试题及解答(第三卷)1960—1964	2014—06	18.00	279
历届美国中学生数学竞赛试题及解答(第四卷)1965—1969	2014—04	28.00	280
历届美国中学生数学竞赛试题及解答(第五卷)1970—1972	2014—06	18.00	281
历届美国中学生数学竞赛试题及解答(第六卷)1973—1980	2017—07	18.00	768
历届美国中学生数学竞赛试题及解答(第七卷)1981—1986	2015—01	18.00	424
历届美国中学生数学竞赛试题及解答(第八卷)1987—1990	2017—05	18.00	769
历届国际数学奥林匹克试题集	2023—09	158.00	1701
历届中国数学奥林匹克试题集(第3版)	2021—10	58.00	1440
历届加拿大数学奥林匹克试题集	2012—08	38.00	215
历届美国数学奥林匹克试题集	2023—08	98.00	1681
历届波兰数学竞赛试题集.第1卷,1949~1963	2015—03	18.00	453
历届波兰数学竞赛试题集.第2卷,1964~1976	2015—03	18.00	454
历届巴尔干数学奥林匹克试题集	2015—05	38.00	466
保加利亚数学奥林匹克	2014—10	38.00	393
圣彼得堡数学奥林匹克试题集	2015—01	38.00	429
匈牙利奥林匹克数学竞赛题解.第1卷	2016—05	28.00	593
匈牙利奥林匹克数学竞赛题解.第2卷	2016—05	28.00	594
历届美国数学邀请赛试题集(第2版)	2017—10	78.00	851
普林斯顿大学数学竞赛	2016—06	38.00	669
亚太地区数学奥林匹克竞赛题	2015—07	18.00	492
日本历届(初级)广中杯数学竞赛试题及解答.第1卷(2000~2007)	2016—05	28.00	641
日本历届(初级)广中杯数学竞赛试题及解答.第2卷(2008~2015)	2016—05	38.00	642
越南数学奥林匹克题选:1962—2009	2021—07	48.00	1370
360个数学竞赛问题	2016—08	58.00	677
奥数最佳实战题.上卷	2017—06	38.00	760
奥数最佳实战题.下卷	2017—05	58.00	761
哈尔滨市早期中学数学竞赛试题汇编	2016—07	28.00	672
全国高中数学联赛试题及解答:1981—2019(第4版)	2020—07	138.00	1176
2024年全国高中数学联合竞赛模拟题集	2024—01	38.00	1702

— 4 —

刘培杰数学工作室
已出版(即将出版)图书目录——初等数学

书 名	出版时间	定 价	编号
20世纪50年代全国部分城市数学竞赛试题汇编	2017—07	28.00	797
国内外数学竞赛题及精解:2018~2019	2020—08	45.00	1192
国内外数学竞赛题及精解:2019~2020	2021—11	58.00	1439
许康华竞赛优学精选集.第一辑	2018—08	68.00	949
天问叶班数学问题征解100题.Ⅰ,2016—2018	2019—05	88.00	1075
天问叶班数学问题征解100题.Ⅱ,2017—2019	2020—07	98.00	1177
美国初中数学竞赛:AMC8准备(共6卷)	2019—07	138.00	1089
美国高中数学竞赛:AMC10准备(共6卷)	2019—08	158.00	1105
王连笑教你怎样学数学:高考选择题解题策略与客观题实用训练	2014—01	48.00	262
王连笑教你怎样学数学:高考数学高层次讲座	2015—02	48.00	432
高考数学的理论与实践	2009—08	38.00	53
高考数学核心题型解题方法与技巧	2010—01	28.00	86
高考思维新平台	2014—03	38.00	259
高考数学压轴题解题诀窍(上)(第2版)	2018—01	58.00	874
高考数学压轴题解题诀窍(下)(第2版)	2018—01	48.00	875
北京市五区文科数学三年高考模拟题详解:2013~2015	2015—08	48.00	500
北京市五区理科数学三年高考模拟题详解:2013~2015	2015—09	68.00	505
向量法巧解数学高考题	2009—08	28.00	54
高中数学课堂教学的实践与反思	2021—11	48.00	791
数学高考参考	2016—01	78.00	589
新课程标准高考数学解答题各种题型解法指导	2020—08	78.00	1196
全国及各省市高考数学试题审题要津与解法研究	2015—02	48.00	450
高中数学章节起始课的教学研究与案例设计	2019—05	28.00	1064
新课标高考数学——五年试题分章详解(2007~2011)(上、下)	2011—10	78.00	140,141
全国中考数学压轴题审题要津与解法研究	2013—04	78.00	248
新编全国及各省市中考数学压轴题审题要津与解法研究	2014—05	58.00	342
全国及各省市5年中考数学压轴题审题要津与解法研究(2015版)	2015—04	58.00	462
中考数学专题总复习	2007—04	28.00	6
中考数学较难题常考题型解题方法与技巧	2016—09	48.00	681
中考数学难题常考题型解题方法与技巧	2016—09	48.00	682
中考数学中档题常考题型解题方法与技巧	2017—08	68.00	835
中考数学选择填空压轴好题妙解365	2024—01	80.00	1698
中考数学:三类重点考题的解法例析与习题	2020—04	48.00	1140
中小学数学的历史文化	2019—11	48.00	1124
初中平面几何百题多思创新解	2020—01	58.00	1125
初中数学中考备考	2020—01	58.00	1126
高考数学之九章演义	2019—08	68.00	1044
高考数学之难题谈笑间	2022—06	68.00	1519
化学可以这样学:高中化学知识方法智慧感悟疑难辨析	2019—07	58.00	1103
如何成为学习高手	2019—09	58.00	1107
高考数学:经典真题分类解析	2020—04	78.00	1134
高考数学解答题破解策略	2020—11	58.00	1221
从分析解题过程学解题:高考压轴题与竞赛题之关系探究	2020—08	88.00	1179
教学新思考:单元整体视角下的初中数学教学设计	2021—03	58.00	1278
思维再拓展:2020年经典几何题的多解探究与思考	即将出版		1279
中考数学小压轴汇编初讲	2017—07	48.00	788
中考数学大压轴专题微言	2017—09	48.00	846
怎么解中考平面几何探索题	2019—06	48.00	1093
北京中考数学压轴题解题方法突破(第9版)	2024—01	78.00	1645
助你高考成功的数学解题智慧:知识是智慧的基础	2016—01	58.00	596
助你高考成功的数学解题智慧:错误是智慧的试金石	2016—04	58.00	643
助你高考成功的数学解题智慧:方法是智慧的推手	2016—04	68.00	657
高考数学奇思妙解	2016—04	38.00	610
高考数学解题策略	2016—05	48.00	670
数学解题泄天机(第2版)	2017—10	48.00	850

刘培杰数学工作室
已出版(即将出版)图书目录——初等数学

书 名	出版时间	定 价	编号
高中物理教学讲义	2018—01	48.00	871
高中物理教学讲义:全模块	2022—03	98.00	1492
高中物理答疑解惑 65 篇	2021—11	48.00	1462
中学物理基础问题解析	2020—08	48.00	1183
初中数学、高中数学脱节知识补缺教材	2017—06	48.00	766
高考数学客观题解题方法和技巧	2017—10	38.00	847
十年高考数学精品试题审题要津与解法研究	2021—10	98.00	1427
中国历届高考数学试题及解答.1949—1979	2018—01	38.00	877
历届中国高考数学试题及解答.第二卷,1980—1989	2018—10	28.00	975
历届中国高考数学试题及解答.第三卷,1990—1999	2018—10	48.00	976
跟我学解高中数学题	2018—07	58.00	926
中学数学研究的方法及案例	2018—05	58.00	869
高考数学抢分技能	2018—07	68.00	934
高一新生常用数学方法和重要数学思想提升教材	2018—06	38.00	921
高考数学全国卷六道解答题常考题型解题诀窍:理科(全 2 册)	2019—07	78.00	1101
高考数学全国卷 16 道选择、填空题常考题型解题诀窍.理科	2018—09	88.00	971
高考数学全国卷 16 道选择、填空题常考题型解题诀窍.文科	2020—01	88.00	1123
高中数学一题多解	2019—06	58.00	1087
历届中国高考数学试题及解答:1917—1999	2021—08	98.00	1371
2000~2003 年全国及各省市高考数学试题及解答	2022—05	88.00	1499
2004 年全国及各省市高考数学试题及解答	2023—08	78.00	1500
2005 年全国及各省市高考数学试题及解答	2023—08	78.00	1501
2006 年全国及各省市高考数学试题及解答	2023—08	88.00	1502
2007 年全国及各省市高考数学试题及解答	2023—08	98.00	1503
2008 年全国及各省市高考数学试题及解答	2023—08	88.00	1504
2009 年全国及各省市高考数学试题及解答	2023—08	88.00	1505
2010 年全国及各省市高考数学试题及解答	2023—08	98.00	1506
2011~2017 年全国及各省市高考数学试题及解答	2024—01	78.00	1507
2018~2023 年全国及各省市高考数学试题及解答	2024—03	78.00	1709
突破高原:高中数学解题思维探究	2021—08	48.00	1375
高考数学中的"取值范围"	2021—10	48.00	1429
新课程标准高中数学各种题型解法大全.必修一分册	2021—06	58.00	1315
新课程标准高中数学各种题型解法大全.必修二分册	2022—01	68.00	1471
高中数学各种题型解法大全.选择性必修一分册	2022—06	68.00	1525
高中数学各种题型解法大全.选择性必修二分册	2023—01	58.00	1600
高中数学各种题型解法大全.选择性必修三分册	2023—04	48.00	1643
历届全国初中数学竞赛经典试题详解	2023—04	88.00	1624
孟祥礼高考数学精刷精解	2023—06	98.00	1663

新编 640 个世界著名数学智力趣题	2014—01	88.00	242
500 个最新世界著名数学智力趣题	2008—06	48.00	3
400 个最新世界著名数学最值问题	2008—09	48.00	36
500 个世界著名数学征解问题	2009—06	48.00	52
400 个最佳初等数学征解老问题	2010—01	48.00	60
500 个俄罗斯数学经典老题	2011—01	28.00	81
1000 个国外中学物理好题	2012—04	48.00	174
300 个日本高考数学题	2012—05	38.00	142
700 个早期日本高考数学试题	2017—02	88.00	752
500 个前苏联早期高考数学试题及解答	2012—05	28.00	185
546 个早期俄罗斯大学生数学竞赛题	2014—03	38.00	285
548 个来自美苏的数学好问题	2014—11	28.00	396
20 所苏联著名大学早期入学试题	2015—02	18.00	452
161 道德国工科大学生必做的微分方程习题	2015—05	28.00	469
500 个德国工科大学生必做的高数习题	2015—06	28.00	478
360 个数学竞赛问题	2016—08	58.00	677
200 个趣味数学故事	2018—02	48.00	857
470 个数学奥林匹克中的最值问题	2018—10	88.00	985
德国讲义日本考题.微积分卷	2015—04	48.00	456
德国讲义日本考题.微分方程卷	2015—04	38.00	457
二十世纪中叶中、英、美、日、法、俄高考数学试题精选	2017—06	38.00	783

刘培杰数学工作室
已出版(即将出版)图书目录——初等数学

书　　名	出版时间	定　价	编号
中国初等数学研究　2009卷(第1辑)	2009—05	20.00	45
中国初等数学研究　2010卷(第2辑)	2010—05	30.00	68
中国初等数学研究　2011卷(第3辑)	2011—07	60.00	127
中国初等数学研究　2012卷(第4辑)	2012—07	48.00	190
中国初等数学研究　2014卷(第5辑)	2014—02	48.00	288
中国初等数学研究　2015卷(第6辑)	2015—06	68.00	493
中国初等数学研究　2016卷(第7辑)	2016—04	68.00	609
中国初等数学研究　2017卷(第8辑)	2017—01	98.00	712
初等数学研究在中国.第1辑	2019—03	158.00	1024
初等数学研究在中国.第2辑	2019—10	158.00	1116
初等数学研究在中国.第3辑	2021—05	158.00	1306
初等数学研究在中国.第4辑	2022—06	158.00	1520
初等数学研究在中国.第5辑	2023—07	158.00	1635
几何变换(Ⅰ)	2014—07	28.00	353
几何变换(Ⅱ)	2015—06	28.00	354
几何变换(Ⅲ)	2015—01	38.00	355
几何变换(Ⅳ)	2015—12	38.00	356
初等数论难题集(第一卷)	2009—05	68.00	44
初等数论难题集(第二卷)(上、下)	2011—02	128.00	82,83
数论概貌	2011—03	18.00	93
代数数论(第二版)	2013—08	58.00	94
代数多项式	2014—06	38.00	289
初等数论的知识与问题	2011—02	28.00	95
超越数论基础	2011—03	28.00	96
数论初等教程	2011—03	28.00	97
数论基础	2011—03	18.00	98
数论基础与维诺格拉多夫	2014—03	18.00	292
解析数论基础	2012—08	28.00	216
解析数论基础(第二版)	2014—01	48.00	287
解析数论问题集(第二版)(原版引进)	2014—05	88.00	343
解析数论问题集(第二版)(中译本)	2016—04	88.00	607
解析数论基础(潘承洞,潘承彪著)	2016—07	98.00	673
解析数论导引	2016—07	58.00	674
数论入门	2011—03	38.00	99
代数数论入门	2015—03	38.00	448
数论开篇	2012—07	28.00	194
解析数论引论	2011—03	48.00	100
Barban Davenport Halberstam 均值和	2009—01	40.00	33
基础数论	2011—03	28.00	101
初等数论100例	2011—05	18.00	122
初等数论经典例题	2012—07	18.00	204
最新世界各国数学奥林匹克中的初等数论试题(上、下)	2012—01	138.00	144,145
初等数论(Ⅰ)	2012—01	18.00	156
初等数论(Ⅱ)	2012—01	18.00	157
初等数论(Ⅲ)	2012—01	28.00	158

刘培杰数学工作室
已出版(即将出版)图书目录——初等数学

书 名	出版时间	定 价	编号
平面几何与数论中未解决的新老问题	2013—01	68.00	229
代数数论简史	2014—11	28.00	408
代数数论	2015—09	88.00	532
代数、数论及分析习题集	2016—11	98.00	695
数论导引提要及习题解答	2016—01	48.00	559
素数定理的初等证明.第2版	2016—09	48.00	686
数论中的模函数与狄利克雷级数(第二版)	2017—11	78.00	837
数论:数学导引	2018—01	68.00	849
范氏大代数	2019—02	98.00	1016
解析数学讲义.第一卷,导来式及微分、积分、级数	2019—04	88.00	1021
解析数学讲义.第二卷,关于几何的应用	2019—04	68.00	1022
解析数学讲义.第三卷,解析函数论	2019—04	78.00	1023
分析·组合·数论纵横谈	2019—04	58.00	1039
Hall代数:民国时期的中学数学课本:英文	2019—08	88.00	1106
基谢廖夫初等代数	2022—07	38.00	1531
数学精神巡礼	2019—01	58.00	731
数学眼光透视(第2版)	2017—06	78.00	732
数学思想领悟(第2版)	2018—01	68.00	733
数学方法溯源(第2版)	2018—08	68.00	734
数学解题引论	2017—05	58.00	735
数学史话览胜(第2版)	2017—01	48.00	736
数学应用展观(第2版)	2017—08	68.00	737
数学建模尝试	2018—04	48.00	738
数学竞赛采风	2018—01	68.00	739
数学测评探营	2019—05	58.00	740
数学技能操握	2018—03	48.00	741
数学欣赏拾趣	2018—02	48.00	742
从毕达哥拉斯到怀尔斯	2007—10	48.00	9
从迪利克雷到维斯卡尔迪	2008—01	48.00	21
从哥德巴赫到陈景润	2008—05	98.00	35
从庞加莱到佩雷尔曼	2011—08	138.00	136
博弈论精粹	2008—03	58.00	30
博弈论精粹.第二版(精装)	2015—01	88.00	461
数学 我爱你	2008—01	28.00	20
精神的圣徒 别样的人生——60位中国数学家成长的历程	2008—09	48.00	39
数学史概论	2009—06	78.00	50
数学史概论(精装)	2013—03	158.00	272
数学史选讲	2016—01	48.00	544
斐波那契数列	2010—02	28.00	65
数学拼盘和斐波那契魔方	2010—07	38.00	72
斐波那契数列欣赏(第2版)	2018—08	58.00	948
Fibonacci数列中的明珠	2018—06	58.00	928
数学的创造	2011—02	48.00	85
数学美与创造力	2016—01	48.00	595
数海拾贝	2016—01	48.00	590
数学中的美(第2版)	2019—04	68.00	1057
数论中的美学	2014—12	38.00	351

刘培杰数学工作室
已出版(即将出版)图书目录——初等数学

书　　名	出版时间	定　价	编号
数学王者　科学巨人——高斯	2015—01	28.00	428
振兴祖国数学的圆梦之旅:中国初等数学研究史话	2015—06	98.00	490
二十世纪中国数学史料研究	2015—10	48.00	536
数字谜、数阵图与棋盘覆盖	2016—01	58.00	298
数学概念的进化:一个初步的研究	2023—07	68.00	1683
数学发现的艺术:数学探索中的合情推理	2016—07	58.00	671
活跃在数学中的参数	2016—07	48.00	675
数海趣史	2021—05	98.00	1314
玩转幻中之幻	2023—08	88.00	1682
数学艺术品	2023—09	98.00	1685
数学博弈与游戏	2023—10	68.00	1692
数学解题——靠数学思想给力(上)	2011—07	38.00	131
数学解题——靠数学思想给力(中)	2011—07	48.00	132
数学解题——靠数学思想给力(下)	2011—07	38.00	133
我怎样解题	2013—01	48.00	227
数学解题中的物理方法	2011—06	28.00	114
数学解题的特殊方法	2011—06	48.00	115
中学数学计算技巧(第2版)	2020—10	48.00	1220
中学数学证明方法	2012—01	58.00	117
数学趣题巧解	2012—03	28.00	128
高中数学教学通鉴	2015—05	58.00	479
和高中生漫谈:数学与哲学的故事	2014—08	28.00	369
算术问题集	2017—03	38.00	789
张教授讲数学	2018—07	38.00	933
陈永明实话实说数学教学	2020—04	68.00	1132
中学数学学科知识与教学能力	2020—06	58.00	1155
怎样把课讲好:大罕数学教学随笔	2022—03	58.00	1484
中国高考评价体系下高考数学探秘	2022—03	48.00	1487
数苑漫步	2024—01	58.00	1670
自主招生考试中的参数方程问题	2015—01	28.00	435
自主招生考试中的极坐标问题	2015—04	28.00	463
近年全国重点大学自主招生数学试题全解及研究.华约卷	2015—02	38.00	441
近年全国重点大学自主招生数学试题全解及研究.北约卷	2016—05	38.00	619
自主招生数学解证宝典	2015—09	48.00	535
中国科学技术大学创新班数学真题解析	2022—03	48.00	1488
中国科学技术大学创新班物理真题解析	2022—03	58.00	1489
格点和面积	2012—07	18.00	191
射影几何趣谈	2012—04	28.00	175
斯潘纳尔引理——从一道加拿大数学奥林匹克试题谈起	2014—01	28.00	228
李普希兹条件——从几道近年高考数学试题谈起	2012—10	18.00	221
拉格朗日中值定理——从一道北京高考试题的解法谈起	2015—10	18.00	197
闵科夫斯基定理——从一道清华大学自主招生试题谈起	2014—01	28.00	198
哈尔测度——从一道冬令营试题的背景谈起	2012—08	28.00	202
切比雪夫逼近问题——从一道中国台北数学奥林匹克试题谈起	2013—04	38.00	238
伯恩斯坦多项式与贝齐尔曲面——从一道全国高中数学联赛试题谈起	2013—03	38.00	236
卡塔兰猜想——从一道普特南竞赛试题谈起	2013—06	18.00	256
麦卡锡函数和阿克曼函数——从一道前南斯拉夫数学奥林匹克试题谈起	2012—08	18.00	201
贝蒂定理与拉姆斯克莫尔定理——从一个拣石子游戏谈起	2012—08	18.00	217
皮亚诺曲线和豪斯道夫分球定理——从无限集谈起	2012—08	18.00	211
平面凸图形与凸多面体	2012—10	28.00	218
斯坦因豪斯问题——从一道二十五省市自治区中学数学竞赛试题谈起	2012—07	18.00	196

刘培杰数学工作室
已出版(即将出版)图书目录——初等数学

书　名	出版时间	定　价	编号
纽结理论中的亚历山大多项式与琼斯多项式——从一道北京市高一数学竞赛试题谈起	2012—07	28.00	195
原则与策略——从波利亚"解题表"谈起	2013—04	38.00	244
转化与化归——从三大尺规作图不能问题谈起	2012—08	28.00	214
代数几何中的贝祖定理(第一版)——从一道 IMO 试题的解法谈起	2013—08	18.00	193
成功连贯理论与约当块理论——从一道比利时数学竞赛试题谈起	2012—04	18.00	180
素数判定与大数分解	2014—08	18.00	199
置换多项式及其应用	2012—10	18.00	220
椭圆函数与模函数——从一道美国加州大学洛杉矶分校(UCLA)博士资格考题谈起	2012—10	28.00	219
差分方程的拉格朗日方法——从一道 2011 年全国高考理科试题的解法谈起	2012—08	28.00	200
力学在几何中的一些应用	2013—01	38.00	240
从根式解到伽罗华理论	2020—01	48.00	1121
康托洛维奇不等式——从一道全国高中联赛试题谈起	2013—03	28.00	337
西格尔引理——从一道第 18 届 IMO 试题的解法谈起	即将出版		
罗斯定理——从一道前苏联数学竞赛试题谈起	即将出版		
拉克斯定理和阿廷定理——从一道 IMO 试题的解法谈起	2014—01	58.00	246
毕卡大定理——从一道美国大学数学竞赛试题谈起	2014—07	18.00	350
贝齐尔曲线——从一道全国高中联赛试题谈起	即将出版		
拉格朗日乘子定理——从一道 2005 年全国高中联赛试题的高等数学解法谈起	2015—05	28.00	480
雅可比定理——从一道日本数学奥林匹克试题谈起	2013—04	48.00	249
李天岩—约克定理——从一道波兰数学竞赛试题谈起	2014—06	28.00	349
受控理论与初等不等式:从一道 IMO 试题的解法谈起	2023—03	48.00	1601
布劳维不动点定理——从一道前苏联数学奥林匹克试题谈起	2014—01	38.00	273
伯恩赛德定理——从一道英国数学奥林匹克试题谈起	即将出版		
布查特—莫斯特定理——从一道上海市初中竞赛试题谈起	即将出版		
数论中的同余数问题——从一道普特南竞赛试题谈起	即将出版		
范·德蒙行列式——从一道美国数学奥林匹克试题谈起	即将出版		
中国剩余定理:总数法构建中国历史年表	2015—01	28.00	430
牛顿程序与方程求根——从一道全国高考试题解法谈起	即将出版		
库默尔定理——从一道 IMO 预选试题谈起	即将出版		
卢丁定理——从一道冬令营试题的解法谈起	即将出版		
沃斯滕霍姆定理——从一道 IMO 预选试题谈起	即将出版		
卡尔松不等式——从一道莫斯科数学奥林匹克试题谈起	即将出版		
信息论中的香农熵——从一道近年高考压轴题谈起	即将出版		
约当不等式——从一道希望杯竞赛试题谈起	即将出版		
拉比诺维奇定理	即将出版		
刘维尔定理——从一道《美国数学月刊》征解问题的解法谈起	即将出版		
卡塔兰恒等式与级数求和——从一道 IMO 试题的解法谈起	即将出版		
勒让德猜想与素数分布——从一道爱尔兰竞赛试题谈起	即将出版		
天平称重与信息论——从一道基辅市数学奥林匹克试题谈起	即将出版		
哈密尔顿—凯莱定理:从一道高中数学联赛试题的解法谈起	2014—09	18.00	376
艾思特曼定理——从一道 CMO 试题的解法谈起	即将出版		

刘培杰数学工作室
已出版(即将出版)图书目录——初等数学

书　名	出版时间	定　价	编号
阿贝尔恒等式与经典不等式及应用	2018—06	98.00	923
迪利克雷除数问题	2018—07	48.00	930
幻方、幻立方与拉丁方	2019—08	48.00	1092
帕斯卡三角形	2014—03	18.00	294
蒲丰投针问题——从2009年清华大学的一道自主招生试题谈起	2014—01	38.00	295
斯图姆定理——从一道"华约"自主招生试题的解法谈起	2014—01	18.00	296
许瓦兹引理——从一道加利福尼亚大学伯克利分校数学系博士生试题谈起	2014—08	18.00	297
拉姆塞定理——从王诗宬院士的一个问题谈起	2016—04	48.00	299
坐标法	2013—12	28.00	332
数论三角形	2014—04	38.00	341
毕克定理	2014—07	18.00	352
数林掠影	2014—09	48.00	389
我们周围的概率	2014—10	38.00	390
凸函数最值定理:从一道华约自主招生题的解法谈起	2014—10	28.00	391
易学与数学奥林匹克	2014—10	38.00	392
生物数学趣谈	2015—01	18.00	409
反演	2015—01	28.00	420
因式分解与圆锥曲线	2015—01	18.00	426
轨迹	2015—01	28.00	427
面积原理:从常庚哲命的一道CMO试题的积分解法谈起	2015—01	48.00	431
形形色色的不动点定理:从一道28届IMO试题谈起	2015—01	38.00	439
柯西函数方程:从一道上海交大自主招生的试题谈起	2015—02	28.00	440
三角恒等式	2015—02	28.00	442
无理性判定:从一道2014年"北约"自主招生试题谈起	2015—01	38.00	443
数学归纳法	2015—03	18.00	451
极端原理与解题	2015—04	28.00	464
法雷级数	2014—08	18.00	367
摆线族	2015—01	38.00	438
函数方程及其解法	2015—05	38.00	470
含参数的方程和不等式	2012—09	28.00	213
希尔伯特第十问题	2016—01	38.00	543
无穷小量的求和	2016—01	28.00	545
切比雪夫多项式:从一道清华大学金秋营试题谈起	2016—01	38.00	583
泽肯多夫定理	2016—03	38.00	599
代数等式证题法	2016—01	28.00	600
三角等式证题法	2016—01	28.00	601
吴大任教授藏书中的一个因式分解公式:从一道美国数学邀请赛试题的解法谈起	2016—06	28.00	656
易卦——类万物的数学模型	2017—08	68.00	838
"不可思议"的数与数系可持续发展	2018—01	38.00	878
最短线	2018—01	38.00	879
数学在天文、地理、光学、机械力学中的一些应用	2023—03	88.00	1576
从阿基米德三角形谈起	2023—01	28.00	1578
幻方和魔方(第一卷)	2012—05	68.00	173
尘封的经典——初等数学经典文献选读(第一卷)	2012—07	48.00	205
尘封的经典——初等数学经典文献选读(第二卷)	2012—07	38.00	206
初级方程式论	2011—03	28.00	106
初等数学研究(Ⅰ)	2008—09	68.00	37
初等数学研究(Ⅱ)(上、下)	2009—05	118.00	46,47
初等数学专题研究	2022—10	68.00	1568

刘培杰数学工作室
已出版(即将出版)图书目录——初等数学

书　　名	出版时间	定价	编号
趣味初等方程妙题集锦	2014—09	48.00	388
趣味初等数论选美与欣赏	2015—02	48.00	445
耕读笔记(上卷):一位农民数学爱好者的初数探索	2015—04	28.00	459
耕读笔记(中卷):一位农民数学爱好者的初数探索	2015—05	28.00	483
耕读笔记(下卷):一位农民数学爱好者的初数探索	2015—05	28.00	484
几何不等式研究与欣赏.上卷	2016—01	88.00	547
几何不等式研究与欣赏.下卷	2016—01	48.00	552
初等数列研究与欣赏·上	2016—01	48.00	570
初等数列研究与欣赏·下	2016—01	48.00	571
趣味初等函数研究与欣赏.上	2016—09	48.00	684
趣味初等函数研究与欣赏.下	2018—09	48.00	685
三角不等式研究与欣赏	2020—10	68.00	1197
新编平面解析几何解题方法研究与欣赏	2021—10	78.00	1426
火柴游戏(第2版)	2022—05	38.00	1493
智力解谜.第1卷	2017—07	38.00	613
智力解谜.第2卷	2017—07	38.00	614
故事智力	2016—07	48.00	615
名人们喜欢的智力问题	2020—01	48.00	616
数学大师的发现、创造与失误	2018—01	48.00	617
异曲同工	2018—09	48.00	618
数学的味道(第2版)	2023—10	68.00	1686
数学千字文	2018—10	68.00	977
数贝偶拾——高考数学题研究	2014—04	28.00	274
数贝偶拾——初等数学研究	2014—04	38.00	275
数贝偶拾——奥数题研究	2014—04	48.00	276
钱昌本教你快乐学数学(上)	2011—12	48.00	155
钱昌本教你快乐学数学(下)	2012—03	58.00	171
集合、函数与方程	2014—01	28.00	300
数列与不等式	2014—01	38.00	301
三角与平面向量	2014—01	28.00	302
平面解析几何	2014—01	38.00	303
立体几何与组合	2014—01	28.00	304
极限与导数、数学归纳法	2014—01	38.00	305
趣味数学	2014—03	28.00	306
教材教法	2014—04	68.00	307
自主招生	2014—05	58.00	308
高考压轴题(上)	2015—01	48.00	309
高考压轴题(下)	2014—10	68.00	310
从费马到怀尔斯——费马大定理的历史	2013—10	198.00	I
从庞加莱到佩雷尔曼——庞加莱猜想的历史	2013—10	298.00	II
从切比雪夫到爱尔特希(上)——素数定理的初等证明	2013—07	48.00	III
从切比雪夫到爱尔特希(下)——素数定理100年	2012—12	98.00	III
从高斯到盖尔方特——二次域的高斯猜想	2013—10	198.00	IV
从库默尔到朗兰兹——朗兰兹猜想的历史	2014—01	98.00	V
从比勃巴赫到德布朗斯——比勃巴赫猜想的历史	2014—02	298.00	VI
从麦比乌斯到陈省身——麦比乌斯变换与麦比乌斯带	2014—02	298.00	VII
从布尔到豪斯道夫——布尔方程与格论漫谈	2013—10	198.00	VIII
从开普勒到阿诺德——三体问题的历史	2014—05	298.00	IX
从华林到华罗庚——华林问题的历史	2013—10	298.00	X

刘培杰数学工作室
已出版（即将出版）图书目录——初等数学

书　名	出版时间	定　价	编号
美国高中数学竞赛五十讲.第1卷(英文)	2014—08	28.00	357
美国高中数学竞赛五十讲.第2卷(英文)	2014—08	28.00	358
美国高中数学竞赛五十讲.第3卷(英文)	2014—09	28.00	359
美国高中数学竞赛五十讲.第4卷(英文)	2014—09	28.00	360
美国高中数学竞赛五十讲.第5卷(英文)	2014—10	28.00	361
美国高中数学竞赛五十讲.第6卷(英文)	2014—11	28.00	362
美国高中数学竞赛五十讲.第7卷(英文)	2014—12	28.00	363
美国高中数学竞赛五十讲.第8卷(英文)	2015—01	28.00	364
美国高中数学竞赛五十讲.第9卷(英文)	2015—01	28.00	365
美国高中数学竞赛五十讲.第10卷(英文)	2015—02	38.00	366
三角函数(第2版)	2017—04	38.00	626
不等式	2014—01	38.00	312
数列	2014—01	38.00	313
方程(第2版)	2017—04	38.00	624
排列和组合	2014—01	28.00	315
极限与导数(第2版)	2016—04	38.00	635
向量(第2版)	2018—08	58.00	627
复数及其应用	2014—08	28.00	318
函数	2014—01	38.00	319
集合	2020—01	48.00	320
直线与平面	2014—01	28.00	321
立体几何(第2版)	2016—04	38.00	629
解三角形	即将出版		323
直线与圆(第2版)	2016—11	38.00	631
圆锥曲线(第2版)	2016—09	48.00	632
解题通法(一)	2014—07	38.00	326
解题通法(二)	2014—07	38.00	327
解题通法(三)	2014—05	38.00	328
概率与统计	2014—01	28.00	329
信息迁移与算法	即将出版		330
IMO 50年.第1卷(1959—1963)	2014—11	28.00	377
IMO 50年.第2卷(1964—1968)	2014—11	28.00	378
IMO 50年.第3卷(1969—1973)	2014—09	28.00	379
IMO 50年.第4卷(1974—1978)	2016—04	38.00	380
IMO 50年.第5卷(1979—1984)	2015—04	38.00	381
IMO 50年.第6卷(1985—1989)	2015—04	58.00	382
IMO 50年.第7卷(1990—1994)	2016—01	48.00	383
IMO 50年.第8卷(1995—1999)	2016—06	38.00	384
IMO 50年.第9卷(2000—2004)	2015—04	58.00	385
IMO 50年.第10卷(2005—2009)	2016—01	48.00	386
IMO 50年.第11卷(2010—2015)	2017—03	48.00	646

刘培杰数学工作室
已出版(即将出版)图书目录——初等数学

书　名	出版时间	定　价	编号
数学反思(2006—2007)	2020—09	88.00	915
数学反思(2008—2009)	2019—01	68.00	917
数学反思(2010—2011)	2018—05	58.00	916
数学反思(2012—2013)	2019—01	58.00	918
数学反思(2014—2015)	2019—03	78.00	919
数学反思(2016—2017)	2021—03	58.00	1286
数学反思(2018—2019)	2023—01	88.00	1593
历届美国大学生数学竞赛试题集.第一卷(1938—1949)	2015—01	28.00	397
历届美国大学生数学竞赛试题集.第二卷(1950—1959)	2015—01	28.00	398
历届美国大学生数学竞赛试题集.第三卷(1960—1969)	2015—01	28.00	399
历届美国大学生数学竞赛试题集.第四卷(1970—1979)	2015—01	18.00	400
历届美国大学生数学竞赛试题集.第五卷(1980—1989)	2015—01	28.00	401
历届美国大学生数学竞赛试题集.第六卷(1990—1999)	2015—01	28.00	402
历届美国大学生数学竞赛试题集.第七卷(2000—2009)	2015—08	18.00	403
历届美国大学生数学竞赛试题集.第八卷(2010—2012)	2015—01	18.00	404
新课标高考数学创新题解题诀窍:总论	2014—09	28.00	372
新课标高考数学创新题解题诀窍:必修 1～5 分册	2014—08	38.00	373
新课标高考数学创新题解题诀窍:选修 2—1,2—2,1—1,1—2分册	2014—09	38.00	374
新课标高考数学创新题解题诀窍:选修 2—3,4—4,4—5分册	2014—09	18.00	375
全国重点大学自主招生英文数学试题全攻略:词汇卷	2015—07	48.00	410
全国重点大学自主招生英文数学试题全攻略:概念卷	2015—01	28.00	411
全国重点大学自主招生英文数学试题全攻略:文章选读卷(上)	2016—09	38.00	412
全国重点大学自主招生英文数学试题全攻略:文章选读卷(下)	2017—01	58.00	413
全国重点大学自主招生英文数学试题全攻略:试题卷	2015—07	38.00	414
全国重点大学自主招生英文数学试题全攻略:名著欣赏卷	2017—03	48.00	415
劳埃德数学趣题大全.题目卷.1:英文	2016—01	18.00	516
劳埃德数学趣题大全.题目卷.2:英文	2016—01	18.00	517
劳埃德数学趣题大全.题目卷.3:英文	2016—01	18.00	518
劳埃德数学趣题大全.题目卷.4:英文	2016—01	18.00	519
劳埃德数学趣题大全.题目卷.5:英文	2016—01	18.00	520
劳埃德数学趣题大全.答案卷:英文	2016—01	18.00	521
李成章教练奥数笔记.第 1 卷	2016—01	48.00	522
李成章教练奥数笔记.第 2 卷	2016—01	48.00	523
李成章教练奥数笔记.第 3 卷	2016—01	38.00	524
李成章教练奥数笔记.第 4 卷	2016—01	38.00	525
李成章教练奥数笔记.第 5 卷	2016—01	38.00	526
李成章教练奥数笔记.第 6 卷	2016—01	38.00	527
李成章教练奥数笔记.第 7 卷	2016—01	38.00	528
李成章教练奥数笔记.第 8 卷	2016—01	48.00	529
李成章教练奥数笔记.第 9 卷	2016—01	28.00	530

刘培杰数学工作室
已出版(即将出版)图书目录——初等数学

书　　名	出版时间	定　价	编号
第19～23届"希望杯"全国数学邀请赛试题审题要津详细评注(初一版)	2014—03	28.00	333
第19～23届"希望杯"全国数学邀请赛试题审题要津详细评注(初二、初三版)	2014—03	38.00	334
第19～23届"希望杯"全国数学邀请赛试题审题要津详细评注(高一版)	2014—03	28.00	335
第19～23届"希望杯"全国数学邀请赛试题审题要津详细评注(高二版)	2014—03	38.00	336
第19～25届"希望杯"全国数学邀请赛试题审题要津详细评注(初一版)	2015—01	38.00	416
第19～25届"希望杯"全国数学邀请赛试题审题要津详细评注(初二、初三版)	2015—01	58.00	417
第19～25届"希望杯"全国数学邀请赛试题审题要津详细评注(高一版)	2015—01	48.00	418
第19～25届"希望杯"全国数学邀请赛试题审题要津详细评注(高二版)	2015—01	48.00	419
物理奥林匹克竞赛大题典——力学卷	2014—11	48.00	405
物理奥林匹克竞赛大题典——热学卷	2014—04	28.00	339
物理奥林匹克竞赛大题典——电磁学卷	2015—07	48.00	406
物理奥林匹克竞赛大题典——光学与近代物理卷	2014—06	28.00	345
历届中国东南地区数学奥林匹克试题集(2004～2012)	2014—06	18.00	346
历届中国西部地区数学奥林匹克试题集(2001～2012)	2014—07	18.00	347
历届中国女子数学奥林匹克试题集(2002～2012)	2014—08	18.00	348
数学奥林匹克在中国	2014—06	98.00	344
数学奥林匹克问题集	2014—01	38.00	267
数学奥林匹克不等式散论	2010—06	38.00	124
数学奥林匹克不等式欣赏	2011—09	38.00	138
数学奥林匹克超级题库(初中卷上)	2010—01	58.00	66
数学奥林匹克不等式证明方法和技巧(上、下)	2011—08	158.00	134,135
他们学什么:原民主德国中学数学课本	2016—09	38.00	658
他们学什么:英国中学数学课本	2016—09	38.00	659
他们学什么:法国中学数学课本.1	2016—09	38.00	660
他们学什么:法国中学数学课本.2	2016—09	28.00	661
他们学什么:法国中学数学课本.3	2016—09	38.00	662
他们学什么:苏联中学数学课本	2016—09	28.00	679
高中数学题典——集合与简易逻辑·函数	2016—07	48.00	647
高中数学题典——导数	2016—07	48.00	648
高中数学题典——三角函数·平面向量	2016—07	48.00	649
高中数学题典——数列	2016—07	58.00	650
高中数学题典——不等式·推理与证明	2016—07	38.00	651
高中数学题典——立体几何	2016—07	48.00	652
高中数学题典——平面解析几何	2016—07	78.00	653
高中数学题典——计数原理·统计·概率·复数	2016—07	48.00	654
高中数学题典——算法·平面几何·初等数论·组合数学·其他	2016—07	68.00	655

刘培杰数学工作室
已出版(即将出版)图书目录——初等数学

书　　名	出版时间	定　价	编号
台湾地区奥林匹克数学竞赛试题.小学一年级	2017—03	38.00	722
台湾地区奥林匹克数学竞赛试题.小学二年级	2017—03	38.00	723
台湾地区奥林匹克数学竞赛试题.小学三年级	2017—03	38.00	724
台湾地区奥林匹克数学竞赛试题.小学四年级	2017—03	38.00	725
台湾地区奥林匹克数学竞赛试题.小学五年级	2017—03	38.00	726
台湾地区奥林匹克数学竞赛试题.小学六年级	2017—03	38.00	727
台湾地区奥林匹克数学竞赛试题.初中一年级	2017—03	38.00	728
台湾地区奥林匹克数学竞赛试题.初中二年级	2017—03	38.00	729
台湾地区奥林匹克数学竞赛试题.初中三年级	2017—03	28.00	730
不等式证题法	2017—04	28.00	747
平面几何培优教程	2019—08	88.00	748
奥数鼎级培优教程.高一分册	2018—09	88.00	749
奥数鼎级培优教程.高二分册.上	2018—04	68.00	750
奥数鼎级培优教程.高二分册.下	2018—04	68.00	751
高中数学竞赛冲刺宝典	2019—04	68.00	883
初中尖子生数学超级题典.实数	2017—07	58.00	792
初中尖子生数学超级题典.式、方程与不等式	2017—08	58.00	793
初中尖子生数学超级题典.圆、面积	2017—08	38.00	794
初中尖子生数学超级题典.函数、逻辑推理	2017—08	48.00	795
初中尖子生数学超级题典.角、线段、三角形与多边形	2017—07	58.00	796
数学王子——高斯	2018—01	48.00	858
坎坷奇星——阿贝尔	2018—01	48.00	859
闪烁奇星——伽罗瓦	2018—01	58.00	860
无穷统帅——康托尔	2018—01	48.00	861
科学公主——柯瓦列夫斯卡娅	2018—01	48.00	862
抽象代数之母——埃米·诺特	2018—01	48.00	863
电脑先驱——图灵	2018—01	58.00	864
昔日神童——维纳	2018—01	48.00	865
数坛怪侠——爱尔特希	2018—01	68.00	866
传奇数学家徐利治	2019—09	88.00	1110
当代世界中的数学.数学思想与数学基础	2019—01	38.00	892
当代世界中的数学.数学问题	2019—01	38.00	893
当代世界中的数学.应用数学与数学应用	2019—01	38.00	894
当代世界中的数学.数学王国的新疆域(一)	2019—01	38.00	895
当代世界中的数学.数学王国的新疆域(二)	2019—01	38.00	896
当代世界中的数学.数林撷英(一)	2019—01	38.00	897
当代世界中的数学.数林撷英(二)	2019—01	48.00	898
当代世界中的数学.数学之路	2019—01	38.00	899

刘培杰数学工作室
已出版(即将出版)图书目录——初等数学

书　　名	出版时间	定价	编号
105个代数问题:来自AwesomeMath夏季课程	2019—02	58.00	956
106个几何问题:来自AwesomeMath夏季课程	2020—07	58.00	957
107个几何问题:来自AwesomeMath全年课程	2020—07	58.00	958
108个代数问题:来自AwesomeMath全年课程	2019—01	68.00	959
109个不等式:来自AwesomeMath夏季课程	2019—04	58.00	960
110个几何问题:选自各国数学奥林匹克竞赛	2024—04	58.00	961
111个代数和数论问题	2019—05	58.00	962
112个组合问题:来自AwesomeMath夏季课程	2019—05	58.00	963
113个几何不等式:来自AwesomeMath夏季课程	2020—08	58.00	964
114个指数和对数问题:来自AwesomeMath夏季课程	2019—09	48.00	965
115个三角问题:来自AwesomeMath夏季课程	2019—09	58.00	966
116个代数不等式:来自AwesomeMath全年课程	2019—04	58.00	967
117个多项式问题:来自AwesomeMath夏季课程	2021—09	58.00	1409
118个数学竞赛不等式	2022—08	78.00	1526
紫色彗星国际数学竞赛试题	2019—02	58.00	999
数学竞赛中的数学:为数学爱好者、父母、教师和教练准备的丰富资源.第一部	2020—04	58.00	1141
数学竞赛中的数学:为数学爱好者、父母、教师和教练准备的丰富资源.第二部	2020—07	48.00	1142
和与积	2020—10	38.00	1219
数论:概念和问题	2020—12	68.00	1257
初等数学问题研究	2021—03	48.00	1270
数学奥林匹克中的欧几里得几何	2021—10	68.00	1413
数学奥林匹克题解新编	2022—01	58.00	1430
图论入门	2022—09	58.00	1554
新的、更新的、最新的不等式	2023—07	58.00	1650
数学竞赛中奇妙的多项式	2024—01	78.00	1646
120个奇妙的代数问题及20个奖励问题	2024—04	48.00	1647
澳大利亚中学数学竞赛试题及解答(初级卷)1978~1984	2019—02	28.00	1002
澳大利亚中学数学竞赛试题及解答(初级卷)1985~1991	2019—02	28.00	1003
澳大利亚中学数学竞赛试题及解答(初级卷)1992~1998	2019—02	28.00	1004
澳大利亚中学数学竞赛试题及解答(初级卷)1999~2005	2019—02	28.00	1005
澳大利亚中学数学竞赛试题及解答(中级卷)1978~1984	2019—03	28.00	1006
澳大利亚中学数学竞赛试题及解答(中级卷)1985~1991	2019—03	28.00	1007
澳大利亚中学数学竞赛试题及解答(中级卷)1992~1998	2019—03	28.00	1008
澳大利亚中学数学竞赛试题及解答(中级卷)1999~2005	2019—03	28.00	1009
澳大利亚中学数学竞赛试题及解答(高级卷)1978~1984	2019—05	28.00	1010
澳大利亚中学数学竞赛试题及解答(高级卷)1985~1991	2019—05	28.00	1011
澳大利亚中学数学竞赛试题及解答(高级卷)1992~1998	2019—05	28.00	1012
澳大利亚中学数学竞赛试题及解答(高级卷)1999~2005	2019—05	28.00	1013
天才中小学生智力测验题.第一卷	2019—03	38.00	1026
天才中小学生智力测验题.第二卷	2019—03	38.00	1027
天才中小学生智力测验题.第三卷	2019—03	38.00	1028
天才中小学生智力测验题.第四卷	2019—03	38.00	1029
天才中小学生智力测验题.第五卷	2019—03	38.00	1030
天才中小学生智力测验题.第六卷	2019—03	38.00	1031
天才中小学生智力测验题.第七卷	2019—03	38.00	1032
天才中小学生智力测验题.第八卷	2019—03	38.00	1033
天才中小学生智力测验题.第九卷	2019—03	38.00	1034
天才中小学生智力测验题.第十卷	2019—03	38.00	1035
天才中小学生智力测验题.第十一卷	2019—03	38.00	1036
天才中小学生智力测验题.第十二卷	2019—03	38.00	1037
天才中小学生智力测验题.第十三卷	2019—03	38.00	1038

刘培杰数学工作室
已出版(即将出版)图书目录——初等数学

书　名	出版时间	定　价	编号
重点大学自主招生数学备考全书:函数	2020—05	48.00	1047
重点大学自主招生数学备考全书:导数	2020—08	48.00	1048
重点大学自主招生数学备考全书:数列与不等式	2019—10	78.00	1049
重点大学自主招生数学备考全书:三角函数与平面向量	2020—08	68.00	1050
重点大学自主招生数学备考全书:平面解析几何	2020—07	58.00	1051
重点大学自主招生数学备考全书:立体几何与平面几何	2019—08	48.00	1052
重点大学自主招生数学备考全书:排列组合·概率统计·复数	2019—09	48.00	1053
重点大学自主招生数学备考全书:初等数论与组合数学	2019—08	48.00	1054
重点大学自主招生数学备考全书:重点大学自主招生真题.上	2019—04	68.00	1055
重点大学自主招生数学备考全书:重点大学自主招生真题.下	2019—04	58.00	1056
高中数学竞赛培训教程:平面几何问题的求解方法与策略.上	2018—05	68.00	906
高中数学竞赛培训教程:平面几何问题的求解方法与策略.下	2018—06	78.00	907
高中数学竞赛培训教程:整除与同余以及不定方程	2018—01	88.00	908
高中数学竞赛培训教程:组合计数与组合极值	2018—04	48.00	909
高中数学竞赛培训教程:初等代数	2019—04	78.00	1042
高中数学讲座:数学竞赛基础教程(第一册)	2019—06	48.00	1094
高中数学讲座:数学竞赛基础教程(第二册)	即将出版		1095
高中数学讲座:数学竞赛基础教程(第三册)	即将出版		1096
高中数学讲座:数学竞赛基础教程(第四册)	即将出版		1097
新编中学数学解题方法1000招丛书.实数(初中版)	2022—05	58.00	1291
新编中学数学解题方法1000招丛书.式(初中版)	2022—05	48.00	1292
新编中学数学解题方法1000招丛书.方程与不等式(初中版)	2021—04	58.00	1293
新编中学数学解题方法1000招丛书.函数(初中版)	2022—05	38.00	1294
新编中学数学解题方法1000招丛书.角(初中版)	2022—05	48.00	1295
新编中学数学解题方法1000招丛书.线段(初中版)	2022—05	48.00	1296
新编中学数学解题方法1000招丛书.三角形与多边形(初中版)	2021—04	48.00	1297
新编中学数学解题方法1000招丛书.圆(初中版)	2022—05	48.00	1298
新编中学数学解题方法1000招丛书.面积(初中版)	2021—07	28.00	1299
新编中学数学解题方法1000招丛书.逻辑推理(初中版)	2022—06	48.00	1300
高中数学题典精编.第一辑.函数	2022—01	58.00	1444
高中数学题典精编.第一辑.导数	2022—01	68.00	1445
高中数学题典精编.第一辑.三角函数·平面向量	2022—01	68.00	1446
高中数学题典精编.第一辑.数列	2022—01	58.00	1447
高中数学题典精编.第一辑.不等式·推理与证明	2022—01	58.00	1448
高中数学题典精编.第一辑.立体几何	2022—01	58.00	1449
高中数学题典精编.第一辑.平面解析几何	2022—01	68.00	1450
高中数学题典精编.第一辑.统计·概率·平面几何	2022—01	58.00	1451
高中数学题典精编.第一辑.初等数论·组合数学·数学文化·解题方法	2022—01	58.00	1452
历届全国初中数学竞赛试题分类解析.初等代数	2022—09	98.00	1555
历届全国初中数学竞赛试题分类解析.初等数论	2022—09	48.00	1556
历届全国初中数学竞赛试题分类解析.平面几何	2022—09	38.00	1557
历届全国初中数学竞赛试题分类解析.组合	2022—09	38.00	1558

刘培杰数学工作室
已出版(即将出版)图书目录——初等数学

书　名	出版时间	定　价	编号
从三道高三数学模拟题的背景谈起:兼谈傅里叶三角级数	2023—03	48.00	1651
从一道日本东京大学的入学试题谈起:兼谈π的方方面面	即将出版		1652
从两道2021年福建高三数学测试题谈起:兼谈球面几何学与球面三角学	即将出版		1653
从一道湖南高考数学试题谈起:兼谈有界变差数列	2024—01	48.00	1654
从一道高校自主招生试题谈起:兼谈詹森函数方程	即将出版		1655
从一道上海高考数学试题谈起:兼谈有界变差函数	即将出版		1656
从一道北京大学金秋营数学试题的解法谈起:兼谈伽罗瓦理论	即将出版		1657
从一道北京高考数学试题的解法谈起:兼谈毕克定理	即将出版		1658
从一道北京大学金秋营数学试题的解法谈起:兼谈帕塞瓦尔恒等式	即将出版		1659
从一道高三数学模拟测试题的背景谈起:兼谈等周问题与等周不等式	即将出版		1660
从一道2020年全国高考数学试题的解法谈起:兼谈斐波那契数列和纳卡穆拉定理及奥斯图达定理	即将出版		1661
从一道高考数学附加题谈起:兼谈广义斐波那契数列	即将出版		1662
代数学教程.第一卷,集合论	2023—08	58.00	1664
代数学教程.第二卷,抽象代数基础	2023—08	68.00	1665
代数学教程.第三卷,数论原理	2023—08	58.00	1666
代数学教程.第四卷,代数方程式论	2023—08	48.00	1667
代数学教程.第五卷,多项式理论	2023—08	58.00	1668

联系地址:哈尔滨市南岗区复华四道街10号　哈尔滨工业大学出版社刘培杰数学工作室
邮　　编:150006
联系电话:0451—86281378　　13904613167
E-mail:lpj1378@163.com